全国职业院校机械行业特色专业系列教材

高职高专电梯工程技术专业系列教材

# 电梯安全技术

编　著　刘　勇　张菲菲　马　涛

　　　　宋海强　毛　蕊　袁淑宁

　　　　杨俊卿　周荷清　李　睿

主　审　许元晓　韦　峰

机械工业出版社

本书为适应高职高专院校"电梯安全技术"课程的教学而编写。全书共分6章,全面系统地阐述了电梯基础知识及电梯安全技术专业知识,同时重点分析和解决电梯常见安全问题,以及如何减少和防止电梯事故发生。主要内容有电梯基础知识、自动扶梯和自动人行道、电梯安全装置与保护系统、电梯的安全使用与维修保养规程、电梯典型状态下的安全使用与操纵方法、电梯安全事故分析与对策。

本书的特点是:以电梯规范为准绳剖析电梯安全问题,对电梯安全技术进行了全面详尽的阐述;以丰富的事例和实例为背景,对电梯安全技术进行讲解,有较强的实用性;内容较新,对当前使用的主要电梯类别均有讲述。

本书可作为高等职业院校、技师学院电梯工程技术专业及相关专业教材,同时作为成人教育和国家电梯特种设备作业资格证、国家职业资格电梯维修工(中、高级证书)培训用教材,也可供从事电梯、自动扶梯、自动人行道等国家特种设备的安全使用与日常维修保养的工程技术人员学习参考。

**为方便教学,本书配有免费电子课件、思考题答案、教学参考视频、模拟试卷及答案,供教师参考。凡选用本书作为授课教材的教师,均可来电(010-88379375)索取,或登录机械工业出版社教育服务网(www. cmpedu. com)网站,注册、免费下载。**

**图书在版编目(CIP)数据**

电梯安全技术/刘勇等编著 . —北京:机械工业出版社,2019.2
(2025.1 重印)
全国职业院校机械行业特色专业系列教材 高职高专电梯工程技术专业规划教材
ISBN 978-7-111-61544-6

Ⅰ.①电… Ⅱ.①刘… Ⅲ.①电梯-安全技术-高等职业教育-教材
Ⅳ.①TU857

中国版本图书馆 CIP 数据核字(2019)第 007895 号

机械工业出版社(北京市百万庄大街22 号 邮政编码 100037)
策划编辑:王宗锋 责任编辑:王宗锋 冯睿娟
责任校对:佟瑞鑫 封面设计:鞠 杨
责任印制:刘 媛
涿州市般润文化传播有限公司印刷
2025 年 1 月第 1 版第 7 次印刷
184mm×260mm · 12 印张 · 293 千字
标准书号:ISBN 978-7-111-61544-6
定价:39. 80 元

电话服务 网络服务
客服电话:010-88361066 机 工 官 网:www. cmpbook. com
         010-88379833 机 工 官 博:weibo. com/cmp1952
         010-68326294 金 书 网:www. golden-book. com
**封底无防伪标均为盗版** 机工教育服务网:www. cmpedu. com

随着国家经济的不断发展，人民物质生活水平的不断提高，作为建筑物的垂直交通工具——电梯已融入我们生活的方方面面。近年来由于电梯安全规范和标准不统一，普遍存在注重电梯安装、轻视维修保养的现象，从而造成电梯事故不断。另外，随着电梯行业的快速发展，我国电梯制造、营销、安装和维修保养的从业人员出现严重缺口。在此背景下，我们组织编写了此书，目的是使读者了解电梯、熟悉电梯并掌握电梯安全技术知识，从而能够进行电梯维修与保养工作。

本书共分6章，分别是电梯基础知识、自动扶梯和自动人行道、电梯安全装置与保护系统、电梯的安全使用与维修保养规程、电梯典型状态下的安全使用与操纵方法、电梯安全事故分析与对策。本书力求理论联系实际，内容由浅入深，循序渐进，以利于读者在较短的时间内熟悉和掌握电梯的基本原理和安全法规；熟悉和掌握一般电梯的特种作业规范及技术验收规范；熟悉和掌握电梯常见故障的逻辑判断与排除方法；熟悉和掌握电梯运行安全及特种作业防护等一般知识。

本书由刘勇、张菲菲、马涛、宋海强、毛蕊、袁淑宁、杨俊卿、周荷清、李睿编著，其中，刘勇为教授、教授级高级工程师，曾在电梯企业从业20余年，其他编写人员均具有丰富的教学经验和企业实践经历。

本书在编写过程中得到了天津机电职业技术学院、江西现代职业技术学院、天津国土资源管理职业技术学院、中国电梯协会、天津电梯协会、中山电梯协会以及奥的斯电梯（中国）有限公司、蒂森克虏伯电梯（中国）有限公司、广东非凡教育设备有限公司等相关单位的大力支持，他们为本书的编写提供了大量宝贵的资料和编写建议，在此表示由衷的感谢。

由于编者水平有限，书中难免存在不足和疏漏之处，敬请读者指正。

编 者

# 第 1 章
# 电梯基础知识

　　电梯是现代多层及高层建筑物中不可缺少的垂直运输设备。早在公元前 1100 年前后，我国古代的周朝时期就出现了提水用的辘轳，这是一种由木制（或竹制）的支架、卷筒、曲柄和绳索组成的简单卷扬机。公元前 236 年在古希腊，由著名的科学家阿基米德制成了第一台人力驱动的卷筒式卷扬机。这些就是电梯的雏形。

　　公元 1765 年，瓦特改良了蒸汽机后，英国于 1835 年在一家工厂里装用了一台由蒸汽机拖动的升降机。1845 年，英国人阿姆斯特朗制作了第一台水压式升降机，这是现代液压电梯的雏形。

　　由于早期升降机大都采用卷筒提升，棉麻绳牵引，断绳坠落事故时有发生，因而电梯的发展受到了安全性的考验。1852 年，41 岁的美国人奥的斯发明了一种安全钳，在吊索断裂时，它能将轿厢锁住在导轨上，防止下坠。从此老式升降机发生了一次重大变革。1854 年，在纽约"水晶宫"展览会上，奥的斯亲自表演了安全钳的性能，他站在高高的升降机平台上，然后把吊索割断，在观众们的一片惊呼声中，平台被安全钳稳稳地咬住，奥的斯先生安然无恙地走下了平台。由此开始，电梯的防坠安全性能有了可靠的保证。

　　现代电梯兴盛的根本在于采用电力作为动力的来源。1831 年法拉第发明了直流发电机。1880 年德国最早出现了用电力拖动的升降机，从此一种称为电梯的通用垂直运输机械诞生了。尽管这台电梯从当今的角度来看是相当粗糙和简单的，但它是电梯发展史上的一个里程碑。

　　1889 年，美国纽约的"戴纳斯特"大厅内装用了第一批电梯，它们由直流电动机与蜗杆传动直接连接，通过卷筒升降电梯轿厢，速度为 0.5m/s，构成了现代电梯的基本传动结构。

　　虽然曳引式的驱动结构早在 1853 年已在英国出现，但当时卷筒式驱动的缺点还未被人们充分认识，因而早期电梯以卷筒强制驱动的形式居多。随着技术的发展，卷筒驱动的缺点日益明显，如耗用功率大、行程短、安全性差等。1903 年，奥的斯电梯公司将卷筒驱动的电梯改为曳引驱动，为今天的长行程电梯奠定了基础，从此在电梯的驱动方式上，曳引驱动占据了主导地位。曳引驱动不仅使传动机构体积大大减小，而且使电梯曳引机在结构设计时有效地提高了通用性和安全性。

　　从 20 世纪初开始，交流异步电动机进一步完善和发展，开始应用于电梯拖动系统，使电梯拖动系统简化，同时促进了电梯的普及。直至今日，世界上绝大多数速度在 2.5m/s 以下的电梯均采用交流异步电动机来拖动。

　　20 世纪 30 年代，美国奥的斯电梯公司采用直流发电机-电动机方式在纽约的 102 层摩

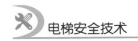

天大楼内安装了 74 台电梯，其中最高额定运行速度已达 6m/s。西屋电气公司也于 1937 年在纽约 70 层的"洛克菲勒"中心安装了 75 台电梯，其中最高额定运行速度达 7m/s。

早期电梯的控制方式几乎全部采用有司机轿内开关控制，电梯的起动、运行、减速、平层、停车等判断均靠司机做出，操作起来很不方便。1894 年，奥的斯公司开发了一种由层楼控制器自动控制平层的技术，从而成为电梯控制技术发展的先导。

1915 年，奥的斯公司又发明了由两个电动机控制的微驱动平层控制技术，它由一个电动机专用于起动和快速运行，另一个则用于平层停车，从而得到了 16：1 的减速范围，运行较为舒适，平层较准。

为了解决乘客候梯时间长的矛盾，1925 年出现了一种集选控制技术。它能将各层站上下方向的召唤信号和轿厢内的指令集中和电梯轿厢位置信号比较，从而使电梯合理运行，缩短了乘客候梯的时间，提高了电梯运行效率。这种技术使司机的操作大大简化，不再需要司机对电梯的运行方向和停层选择做出判断，司机仅需按层楼按钮及关闭层门按钮。这种控制技术现在还在广泛使用，被认为是电梯控制技术的一大进步。

20 世纪 30 年代，交流异步电动机因其价格低，制造和维修方便而广泛应用于电梯上。用改变电动机极对数的方法达到了双速控制的要求，使拖动系统结构简化，可靠性大大提高。目前我国大多数在用电梯均采用这种交流双速变极拖动控制系统。

早期的直流拖动电梯，在发展到交流单、双速拖动后，随着高层建筑的发展，人们对电梯额定运行速度的要求日益提高，产生了直流调速控制的直流电动机拖动的高速电梯。这一系统从最初的开环、有级、有触点控制发展到今天的闭环、无级、无触点控制系统。这是电梯控制技术的又一次进步。

随着电子技术的发展，从 20 世纪 60 年代末到 70 年代初，开始发展了应用交流电动机的交流调速拖动，它从交流调压调速进而发展到变频变压调速系统。它以其突出的节能效果在一定范围内（≤4m/s）完全取代了直流拖动系统。这是目前正在大力发展的技术，被认为是电梯拖动技术的一次飞跃。

微电子技术的飞速发展使微电脑用于电梯的控制，正全面替代有触点的继电器控制方式。从而使电梯的拖动控制、信号操作及自动调度控制达到了一个新的高度。如今，微电脑的大量应用及大功率半导体元件的技术发展使得电梯控制系统日益自动化、智能化，交流调频调压技术也正向大功率、高速度方向发展。目前，这一技术的发展已使交流调速拖动的电梯速度达到了 7m/s，必将逐步取代直流拖动电梯。

## 1.1　电梯的种类

电梯作为一种通用垂直运输机械，被广泛用于不同的场合，其控制、拖动、驱动方式也多种多样，因此电梯的分类方法也有下列几种。

### 1.1.1　按用途分类

电梯按用途分类在使用中用得较多，这是一种常用的分类方法，但由于电梯有一定的通用性，所以实际标准不很明确。

### 1. 乘客电梯

乘客电梯以运送乘客为主，兼以运送重量和体积合适的日用物件，适用于高层住宅、办公大楼、宾馆或饭店等人员流量较大的公共场合。其轿厢内部装饰要求较高，运行舒适感要求严格，具有良好的照明与通风设施，为限制乘客人数，其轿厢内面积有限，轿厢宽深比例较大，以利于人员出入。为提高运行效率，其运行速度较快。派生品种有住宅电梯、观光电梯（如图1-1所示）等。

### 2. 载货电梯

载货电梯以运送货物为主，并能运送随行装卸人员。因运送货物的物理性质不同，其轿厢内部容积差异较大。但为了适应装卸货物的要求，其结构要求坚固。由于运送货物额定重量大，一般运行速度较低，以节省设备投资和电能消耗。轿厢的宽深比例一般小于1，如图1-2所示。

图1-1　观光电梯

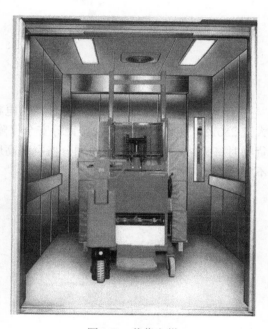

图1-2　载货电梯

### 3. 客货电梯

客货电梯主要用作运送乘客，也可运送货物。其结构比乘客电梯坚固，装饰要求较低。一般用于企业和宾馆饭店的服务部门。

### 4. 病床电梯

病床电梯用于医疗单位运送病人及医疗救护器械。其特点为轿厢宽深比小，深度尺寸≥2.4m，以能容纳病床。病床电梯要求运行平稳，噪声小，平层精度高，如图1-3所示。

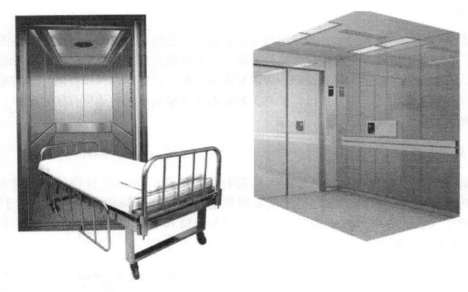

图 1-3　病床电梯

### 5. 杂物电梯

杂物电梯是一种专用于运送小件品的电梯，最大载重量为500kg，如果轿厢额定载重量大于250kg，应设限速器和安全钳等安全保障设施。为防止发生人身事故，严禁乘人和装卸货物时将头伸入，为此限制轿厢分格空间高度不得超过1.4m，面积不得大于1.25m²，深度不得大于1.4m，如图1-4所示。

图 1-4　杂物电梯

此外特种电梯还包括：冷库电梯、防爆电梯、矿井电梯、电站电梯、消防员用电梯、立体车库（电梯）等，立体车库如图 1-5 所示。

图 1-5 立体车库（电梯）

## 1.1.2 按额定速度分类

电梯的额定速度正在逐步提高，因此按速度分类的国家标准正待颁布。目前习惯划分为如下几种。

### 1. 低速电梯

这种电梯的额定速度≤1m/s。

### 2. 中速电梯

这种电梯的额定速度为 1～2.5m/s。

### 3. 高速电梯

这种电梯的额定速度为 2.5～5m/s。

### 4. 超高速电梯

这种电梯的额定速度 >5m/s。

## 1.1.3 按拖动电动机的类型分类

### 1. 交流电梯

交流电梯是采用交流电动机拖动的电梯，按调速方式的不同又可分为单、双速拖动电梯，调压拖动交流电梯和调频调压拖动交流电梯。其中单、双速拖动交流电梯采用改变电动机极对数的方法调速。调压拖动交流电梯通过改变电动机电源电压的方法调速。调频调压拖动交流电梯采取同时改变电动机电源电压和频率的方法调速。

### 2. 直流电梯

直流电梯是采用直流电动机拖动的电梯。由于其调速方便、加减速特性好，曾被广泛采用，但随着电子技术的发展，直流拖动电梯正在被更加节能高效的交流调速拖动电梯代替。

## 1.1.4 按驱动方式分类

### 1. 钢丝绳驱动式电梯

它可分成两种不同的形式：一种是被广泛采用的摩擦曳引式；另一种是卷筒强制式。前一种安全性和可靠性都较好，后一种的缺点较多，已很少采用。

### 2. 液压驱动式电梯

液压驱动式电梯历史较长，它可分为柱塞直顶式和柱塞侧置式。其优点是机房设置部位较为灵活，运行平稳，采用柱塞直顶式时，轿厢可不设置安全钳及底坑，地面的强度可大大减小，顶层高度限制较小。但其工作高度受柱塞长度限制，运行高度较低。在采用液压油作为工作介质时，还须充分考虑防火的安全要求。

### 3. 齿轮齿条驱动式电梯

它通过两对齿轮齿条的啮合来运行，运行时振动、噪声较大。这种形式的电梯一般不需设置机房，由轿厢自备动力机构，控制简单，适用于流动性较大的建筑工地。目前已划入建筑升降机类。

### 4. 链条链轮驱动式电梯

这是一种强制驱动形式的电梯，因链条自重较大，所以提升高度不能过高，运行速度也因链条链轮传动性能限制而较低。但在企业升降物料的作业中，这种电梯却有着传动可靠、维护方便、坚固耐用的优点。

电梯还有其他的驱动方式，如气压式、直线电机直接驱动式、螺旋驱动式等。

## 1.1.5 按操纵控制方式分类

### 1. 手柄开关操纵式电梯（轿厢内开关控制）：代号 S

电梯司机转动手柄位置（闭合/开断）来操纵电梯运行或停止。要求轿厢上装玻璃窗口，便于司机判断层数，控制开关，这种电梯又包括自动门和手动门两种，多作为货梯使用。

### 2. 按钮控制式电梯：代号 A（按钮）

电梯运行由轿厢内操纵盘上的选层按钮或层站呼梯按钮来操纵。某层站乘客将呼梯按钮按下，电梯就起动运行去应答。在电梯运行过程中如果有其他层站呼梯按钮按下，控制系统只能把信号记存下来，不能去应答，也不能把电梯截住，直到电梯完成当前应答运行层站之后方可应答其他层站呼梯信号。

按钮控制电梯

它是一种具备简单控制的电梯，有自平层功能，分为轿厢外按钮控制和轿厢内按钮控制两种形式。

### 3. 信号控制式电梯：代号 XH（信号）

把各层站呼梯信号集合起来，将与电梯运行方向一致的呼梯信号按先后顺序排列好，电梯依次应答接运乘客。电梯运行取决于电梯司机操纵，而电梯在任何层站停靠由轿厢操纵盘上的选层按钮信号和层站呼梯按钮信号控制。电梯往复运行一周可以应答所有呼梯信号。

这是一种自动控制程度较高的电梯，除了具有自动平层和自动开门功能外，还有轿厢命令登记、厅外召唤登记、自动停层、顺向截停和自动换向等功能，通常用于有司机客梯或客货两用电梯。

### 4. 集选控制式电梯：代号 JX（集选）

在信号控制的基础上把呼梯信号集合起来进行有选择的应答。电梯为无司机操纵，在电梯运行过程中，可以应答同一方向所有层站呼梯信号和按照操纵盘上的选层按钮信号停靠。电梯运行一周后，若无呼梯信号就停靠在基站待命。为适应这种控制特点，电梯在各层站的停靠时间可以调整，轿门设有安全触板或其他近门保护装置，轿厢设有过载保护装置等。

集选控制电梯

### 5. 下集合（选）控制式电梯

集合电梯运行下方向的呼梯信号，如果乘客要从较低层站去到较高层站，须乘电梯至底层基站后再乘电梯到要去的高层站。

### 6. 并联控制式电梯：代号 BL（并联）

共用一套呼梯信号系统，把两台或三台规格相同的电梯并联起来控制。无乘客使用电梯时，经常有一台电梯停靠在基站待命，该电梯称为基梯；另一台电梯则停靠在行程中间预先选定的层站，该电梯称为自由梯。当基站有乘客使用电梯并起动后，自由梯即刻起动前往基站充当基梯待命。当有除基站外其他层站呼梯时，自由梯就近先行应答，并在运行过程中应答与其运行方向相同的所有呼梯信号。如果自由梯运行时出现与其运行方向相反的呼梯信号，则在基站待命的电梯就起动前往应答。先完成应答任务的电梯就近返回基站或到中间选下的层站待命。

当三台电梯并联控制时，其中有两台作为基梯，一台为自由梯。其运行原则同两台并联控制式电梯。并联控制式电梯中的每台电梯均具有集选控制功能。

### 7. 梯群控制式电梯：代号 QK（群控）

客流量大的高层建筑物中具有多台电梯时，可把电梯分为若干组，每组四至六台电梯，

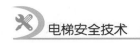 

将几台电梯控制连在一起，分区域进行有程序或无程序综合统一控制，对乘客需要电梯情况进行自动分析后，选派最适宜的电梯及时应答呼梯信号。

群控指用微电脑控制并统一调度多台集中并列的电梯，它使多台电梯集中排列，共用厅外召唤按钮，按规定程序集中调度和控制。其程序控制分为四程序和六程序，前者将一天中客流情况分成四种，如：上行高峰状态运行，下、上行平衡状态运行，下行高峰状态运行及杂散状态运行，并分别规定相应的运行控制方式；后者较前者多上行较下行高峰状态运行，下行较上行高峰状态运行两种程序。

**8. 梯群智能控制式电梯：代号 W**

具有数据采集、交换、存储功能，还能进行分析、筛选、报告等。控制系统可以显示出所有电梯的运行状态。由电脑根据客流情况，自动选择最佳运行控制方式，其特点是分配电梯运行时间，既省人省电，又省机器。

### 1.1.6　按其他方式分类

目前电梯技术的发展使电梯控制日趋完善，操作趋于简单，功能趋于多样，分类方式也各不相同。除前文介绍的分类方式外，电梯还可按其他方式分类，如按曳引机房的位置分类可分为：机房位于井道上部的电梯、机房位于井道下部的电梯；按控制方式分类可分为：轿厢内手柄开关控制的电梯，轿厢内按钮开关控制的电梯，轿厢内、外按钮开关控制的电梯，轿厢外按钮开关控制的电梯，信号控制的电梯，集选控制的电梯，2 台或 3 台并联控制的电梯，梯群控制的电梯；按拖动方式分类可分为交流异步单速电动机拖动的电梯，交流异步双速电动机变极调速拖动的电梯，交流异步双绕组双速电动机调压调速（俗称 ACVV）拖动的电梯，交流异步单速电动机调频调压调速（俗称 VVVF）拖动的电梯，直流电动机拖动的电梯。

## 1.2　电梯的主要参数、基本规格与性能要求

### 1.2.1　电梯的主要参数

**1. 额定载重量**

额定载重量指电梯设计所规定的轿厢载重量。乘客电梯、客货电梯、病床电梯通常采用320kg、400kg、630kg、800kg、1000kg、1250kg、1600kg、2000kg、2500kg 等系列，载货电梯通常采用 630kg、1000kg、1600kg、2000kg、3000kg、5000kg 等系列，杂物电梯通常采用40kg、100kg、250kg 等系列。

**2. 额定速度**

额定速度指电梯设计所规定的轿厢运行速度。标准推荐乘客电梯、客货电梯、病床电梯采用 0.63m/s、1.00m/s、1.60m/s、2.50m/s 等系列，载货电梯采用 0.25m/s、0.40m/s、

0.63m/s、1.00m/s 等系列，杂物电梯采用 0.25m/s、0.40m/s 等系列。而实际使用上则还有 0.50m/s、1.50m/s、1.75m/s、2.00m/s、4.00m/s、6.00m/s 等系列。

## 1.2.2　电梯的基本规格

### 1. 额定载重量

额定载重量指电梯设计所规定的轿厢载重量。

### 2. 轿厢内部尺寸

轿厢内部尺寸指宽×深×高。

### 3. 轿厢型式

轿厢形式指单面开门、双面开门或其他特殊要求，包括轿顶、轿底、轿壁的表面处理方式，颜色选择，装饰效果，是否装设风扇、空调或电话对讲装置等。

### 4. 轿门型式

常见轿门有栅栏门、中分门、双折中分门、旁开门及双折旁开门等。

### 5. 开门宽度

开门宽度指轿厢门和层门完全开启时的净宽度。

### 6. 开门方向

对于旁开门，人站在轿厢外，面对层门，门向左开启则为左开门，反之为右开门；两扇门由中间向左右两侧开启者称为中分门。

### 7. 曳引方式

曳引方式即曳引绳穿绕方式，也称为曳引比，指电梯运行时，曳引轮绳槽处的线速度与轿厢升降速度的比值。

### 8. 额定速度

额定速度指电梯设计所规定的轿厢运行速度。

### 9. 电气控制系统

电气控制系统包括电梯所有电气线路采取的控制方式、电力拖动系统采用的形式等方面。

### 10. 停层站数

凡在建筑物内各楼层用于出入轿厢的地点均称为停层站，其数量为停层站数。

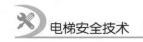

11. 提升高度

底层端站楼面至顶层端站楼面之间的垂直距离称为提升高度。

12. 顶层高度

顶层端站楼面至机房楼面或隔音层楼板下最突出构件之间的垂直距离称为顶层高度。

13. 底坑深度

底层端站楼面至井道底面之间的垂直距离称为底坑深度。

14. 井道高度

井道底面至机房楼板或隔音层楼板下最突出构件之间的垂直距离称为井道高度。

15. 井道尺寸

井道尺寸指井道的宽×深。

### 1.2.3 电梯的性能要求

**1. 安全性**

安全运行是电梯必须保证的首要指标，是由电梯的使用要求所决定的，在电梯制造、安装调试、日常管理维护及使用过程中，必须绝对保证的重要指标。为保证安全，对于涉及电梯运行安全的重要部件和系统，在设计制造时留有较大的安全系数，设置了一系列安全保护装置，使电梯成为各类运输设备中安全性最好的设备之一。

**2. 可靠性**

可靠性是反映电梯技术的先进程度与电梯制造、安装维保及使用情况密切相关的一项重要指标，反映了在电梯日常使用中因故障导致电梯停用或维修的发生几率。故障率高说明电梯的可靠性较差。

一台电梯在运行中的可靠性如何，主要受该梯的设计制造质量和安装维护质量两方面影响，同时还与电梯的日常使用管理有极大关系。如果我们使用的是一台制造中存在问题和瑕疵，具有故障隐患的电梯，那么电梯的整体质量和可靠性是无法提高的；然而即使我们使用的是一台技术先进，制造精良的电梯，却在安装及维护保养方面存在问题，同样也会导致大量的故障出现，同样会影响到电梯的可靠性。所以要提高可靠性必须从制造、安装维护和日常使用等几个方面着手。

**3. 平层精度**

电梯的平层精度是指轿厢到站停靠后，其地坎上平面对层门地坎上平面之间在垂直方向上的距离值，该值的大小与电梯的运行速度、制动距离、制动力矩、拖动方式和轿厢载荷等有直接关系。目前我国规定各类不同速度的轿厢，平层精度必须达到要求，对平层精度的检测，应该分别以轿厢空载和满载做上、下运行，停靠同一层站进行测量，取其最大值作为平层精度。国家标准 GB/T 10058—2009《电梯技术条件》，对轿厢的平层准确度提出了如下要求：电梯轿厢的平层准确度宜在 ±10mm 范围内，平层保持精度宜在 ±20mm 范围内。

**4. 舒适性和考核评价**

舒适性是考核电梯使用性能最为敏感的一项指标，也是电梯多项性能指标的综合反映，多用来评价客梯轿厢。它与电梯运行及起、制动阶段的运行速度和加速度、运行平稳性、噪声，甚至轿厢的装饰等都有密切的关系。对于舒适性主要从以下几个方面来考核评价：

1）当电源保持为额定频率和额定电压，电梯轿厢在 50% 额定载重量时，向下运行至行程中段（除去加速和减速段）时的速度，不得大于额定速度的 105%，且不得小于额定速度的 92%。

2）乘客电梯起动加速度和制动减速度最大值均不应大于 $1.5\text{m/s}^2$。

3）当乘客电梯额定速度为 $1.0\text{m/s} < v \leqslant 2.0\text{m/s}$ 时，其平均加、减速度不应小于 $0.5\text{m/s}^2$；当乘客电梯额定速度为 $2.0\text{m/s} < v \leqslant 2.5\text{m/s}$ 时，其加、减速度不应小于 $0.7\text{m/s}^2$。

4）乘客电梯的开关门时间不应超过表 1-1 的规定。

表 1-1　乘客电梯的开关门时间　　　　　（单位：s）

| 开门方式 | 开门宽度 $B$/mm | | | |
|---|---|---|---|---|
| | $B \leqslant 800$ | $800 < B \leqslant 1000$ | $1000 < B \leqslant 1100$ | $1100 < B \leqslant 1300$ |
| 中分自动门 | 3.2 | 4.0 | 4.3 | 4.9 |
| 旁开自动门 | 3.7 | 4.3 | 4.9 | 5.9 |

5）振动、噪声与电磁干扰。GB/T 10058—2009《电梯技术条件》规定：电梯的各机构和电气设备在工作时不应有异常振动或撞击声响。乘客电梯的噪声值应符合表 1-2 的规定。

表 1-2　乘客电梯噪声值　　　　　（单位：dB（A））

| 额定速度 $v$/(m/s) | $v \leqslant 2.5$ | $2.5 < v \leqslant 6.0$ |
|---|---|---|
| 额定速度运行时机房内平均噪声值 | ≤80 | ≤85 |
| 运行中轿厢内最大噪声值 | ≤55 | ≤60 |
| 开关门过程最大噪声值 | ≤65 | |

注：无机房电梯的"机房内平均噪声值"是指距离曳引机 1m 处所测得的平均噪声值。

另外，由于接触器、控制系统、大功率电气元件及电动机等引起的高频电磁辐射应不影响附近的收音机、电视机等无线电设备的正常工作，同时电梯控制系统也不应受周围的电磁辐射干扰而发生误动作现象。

6）节约能源。随着科技的发展，人们逐渐认识到地球上很多能源是不可再生的，同时人类为了获得这些能源付出了破坏环境的严重代价，因此采用先进技术，发展节能、绿色环保电梯也成为我们面临的最大挑战，作为一名电梯工作者必须在这方面做出最大的努力。

## 1.3 电梯的基本结构

### 1.3.1 电梯的定义与整体结构

国家标准 GB/T 7024—2008《电梯、自动扶梯、自动人行道术语》规定的电梯定义为：电梯，Lift、Elevator，服务于建筑物内若干特定的楼层，其轿厢运行在至少两列垂直于水平面或铅垂线倾斜角小于 15°的刚性导轨上的永久运输设备。轿厢尺寸与结构形式便于乘客出入或装卸货物。

根据上述定义，我们平时在商场、车站见到的自动扶梯和自动人行道，并不能被称为电梯，它们只是垂直运输设备中的一个分支或扩充。

**1. 曳引式电梯的组成（从占用的四个空间划分如图 1-6 所示）**

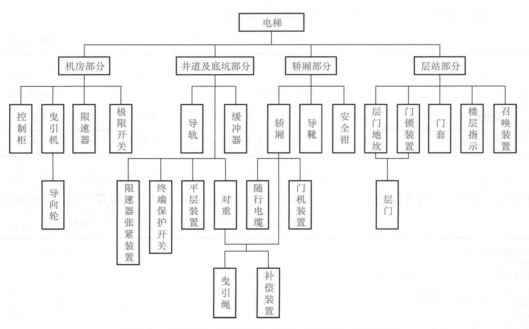

图 1-6　曳引式电梯的组成（从占用的四个空间划分）

**2. 曳引式电梯的组成和部件安装示意图（如图 1-7 所示）**

### 1.3.2 电梯的功能与结构

根据电梯运行过程中各组成部分所发挥的作用与实际功能，可以将电梯划分为 8 个相对独立的系统，表 1-3 列明了这 8 个系统的功能及主要构件与装置。图 1-8 为这 8 个系统的逻辑关系。

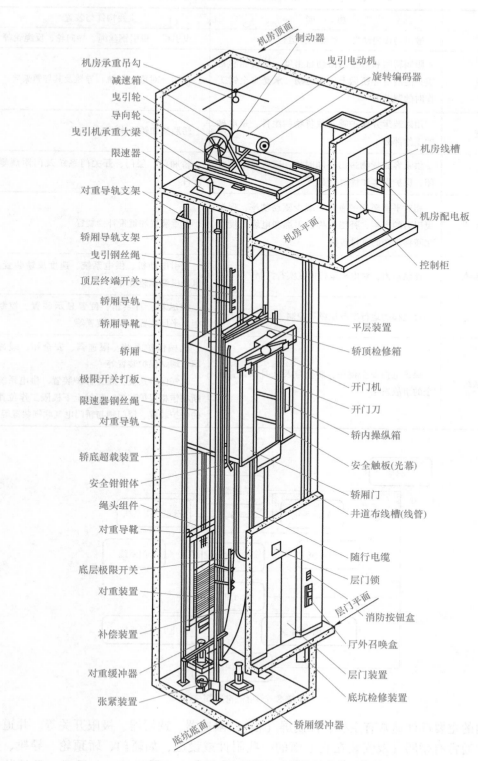

机房承重吊勾
减速箱
曳引轮
导向轮
曳引机承重大梁
限速器
对重导轨支架
轿厢导轨支架
曳引钢丝绳
顶层终端开关
轿厢导轨
轿厢导靴
轿厢
极限开关打板
限速器钢丝绳
对重导轨
轿底超载装置
安全钳钳体
绳头组件
对重导靴
底层极限开关
对重装置
补偿装置
对重缓冲器
张紧装置

机房顶面
制动器
曳引电动机
旋转编码器
机房线槽
机房配电板
机房平面
控制柜

平层装置
轿顶检修箱
开门机
开门刀
轿内操纵箱
安全触板(光幕)
轿厢门
井道布线槽(线管)
随行电缆
层门锁
层门平面
消防按钮盒
厅外召唤盒
层门装置
底坑检修装置

底坑底面
轿厢缓冲器

图1-7　曳引式电梯的组成和部件安装示意图

表 1-3　电梯 8 个系统的功能及主要构件与装置

| | 功　能 | 主要构件与装置 |
| --- | --- | --- |
| 曳引系统 | 输出与传递动力，驱动电梯运行 | 曳引机、曳引钢丝绳、导向轮、反绳轮等 |
| 导向系统 | 限制轿厢和对重的活动自由度，使轿厢和对重只能沿着导轨做上、下运动，承受安全钳工作时的制动力 | 轿厢（对重）导轨、导靴及其导轨架等 |
| 轿厢系统 | 用以装运并保护乘客或货物的组件，是电梯的工作部分 | 轿厢架和轿厢体 |
| 门系统 | 供乘客或货物进出轿厢时用，运行时必须关闭，保护乘客和货物的安全 | 轿厢门、层门、开关门系统及门附属零部件 |
| 重量平衡系统 | 相对平衡轿厢的重量，减少驱动功率，保证曳引力的产生，补偿电梯曳引绳和电缆长度变化转移带来的重量转移 | 对重装置和重量补偿装置 |
| 电力拖动系统 | 提供动力，对电梯运行速度实行控制 | 曳引电动机、供电系统、速度反馈装置、电动机调速装置等 |
| 电气控制系统 | 对电梯的运行实行操纵和控制 | 操纵箱、召唤箱、位置显示装置、控制柜、平层装置、限位装置等 |
| 安全保护系统 | 保证电梯安全使用，防止危及人身和设备安全的事故发生 | 机械保护系统：限速器、安全钳、缓冲器、端站保护装置等<br>电气保护系统：超速保护装置、供电系统断相错相保护装置、超越上下极限工作位置的保护装置、层门锁与轿门电气联锁装置等 |

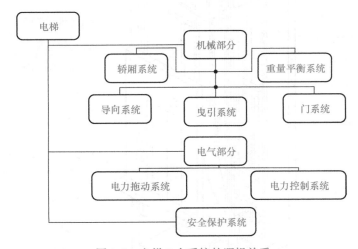

图 1-8　电梯 8 个系统的逻辑关系

　　机房内的主要部件通常有主机、控制屏（柜）、限速器、选层器、极限开关等。井道内的主要部件通常有轿厢（及安装在它上面的一些附件或设施，如轿门、轿顶轮、导靴、安全钳、悬挂装置、随行电缆等）、对重装置（及安装在它上面的设施，如导靴、悬挂装置等）、层门（及其附属设施，如门锁、地坎等）等。底坑内的主要部件通常有缓冲器、对重侧护栏、限速绳张紧装置及补偿绳张紧装置等。

## 1.4 电梯的曳引机

### 1.4.1 曳引机的组成

电梯曳引机一般由电动机、制动器、减速箱及曳引轮所组成。以电动机与曳引轮之间有无减速箱可分为有齿轮曳引机和无齿轮曳引机。

有齿轮曳引机的减速箱具有降低电动机输出转速，提高输出力矩的作用，如图1-9所示。有齿轮曳引机目前绝大部分配用交流电动机，通常采用蜗轮蜗杆减速机构。目前也有采用斜齿轮减速和行星齿轮减速机构的有齿轮曳引机。有齿轮曳引机最高速度可达4m/s。

图1-9 有齿轮曳引机

无齿轮曳引机由电动机直接驱动曳引轮。由于没有减速箱作为中间传动环节，因此具有传动效率高、噪声小、传动平稳等优点，但也存在体积大、造价高、维修复杂的缺点。它大都采用直流电动机作为动力，一般用于运行速度在2.5m/s以上的高速电梯；随着交流变频拖动技术的发展，体积小、重量轻的交流无齿轮曳引机正逐步取代传统的直流拖动。无齿轮曳引机如图1-10所示。

永磁同步无齿轮曳引机是近些年来发展迅速的新型曳引机，与传统曳引机相比，永磁同步无齿轮曳引机具有如下主要特点：

（1）整体成本较低

传统曳引机体积庞大，需要专用的机房，而且机房

图1-10 无齿轮曳引机

面积也较大，增加了建筑成本；但永磁同步无齿轮曳引机则结构简单，体积小，重量轻，可适用于无机房状态，即使安装在机房也仅需很小的面积，使得电梯整体成本降低。

（2）节约能源

传统曳引机采用齿轮传动，机械效率较低，能耗高，电梯运行成本较高。永磁同步无齿

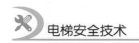

轮曳引机由于采用了永磁材料，没有了励磁线圈和励磁电流消耗，使得电动机功率因数得以提高，与传统有齿轮曳引机相比，能源消耗可以降低40%左右。

（3）噪声低

传统有齿轮曳引机采用齿轮啮合传递功率，所以齿轮啮合产生的声音较大，并且随着使用时间的增加，齿轮逐渐磨损，导致声音加剧；永磁同步无齿轮曳引机采用非接触的电磁力传递功率，完全避免了机械噪声、振动、磨损；永磁同步无齿轮曳引机本身转速较低，噪声及振动小，所以整体噪声和振动得到明显改善。

（4）高性价比

永磁同步无齿轮曳引机取消了齿轮减速箱，简化了结构，降低了成本，减轻了重量；并且传动效率的提高可节省大量的电能，运行成本低。

（5）安全可靠

永磁同步无齿轮曳引机运行中，当三相绕组短接时，轿厢的动能和势能可以反向拖动电动机进入发电制动状态，并产生足够大的制动力矩阻止轿厢超速，所以能避免轿厢冲顶或蹲底事故，当电梯突然断电时，可以松开曳引机制动器，使轿厢缓慢地就近平层，解救乘客。

另外，永磁同步电动机具有起动电流小、无相位差的特点，使电梯起动、加速和制动过程更加平顺，改善了电梯舒适感。

## 1.4.2　曳引机的减速器

电梯的工作特性要求曳引机减速器具有体积小、重量轻、传动平稳、承载能力大、传动比大、噪声低等特点，还要能满足工作可靠、寿命长、维护保养方便的要求。电梯常用的减速器有以下几种。

### 1. 蜗轮蜗杆减速器

蜗轮蜗杆减速器（如图1-11所示）具有传动平稳、噪声低、抗冲击承载能力大、传动比大和体积小的优点。它是电梯曳引机最常用的减速器。

电梯用蜗轮蜗杆减速器通常有上置、下置和侧置三种蜗杆布置形式。早期蜗轮蜗杆减速器因润滑要求常采用下置式布置蜗杆，这种配置方式由于润滑油液面加至蜗杆轴心线平面，因此蜗轮摩擦面润滑条件较好，有利于减少起动磨损，提高润滑效率。但是蜗杆轴伸处容易漏油，增加了蜗杆轴油封的复杂性。随着蜗杆传动润滑技术的发展和曳引机轻量化的发展要求，采用法兰盘套装连接电动机的上置和侧置蜗杆形式的减速器大量出现。这种布置可减小曳引机机座面积，安装方便，布置灵活，但润滑设计要求较高。

### 2. 斜齿轮减速器

斜齿轮减速器在20世纪70年代开始应用于电梯曳引机。斜齿轮传动具有传动效率高、制造方便的优点；也存在着传动平稳性不如蜗轮传动、抗冲击承载能力不高、噪声较大的缺点。因此斜齿轮减速器在曳引机上应用时，要求有很高的疲劳强度、齿轮精度和配合精度；要保证总起动次数2000万次以上不能发生疲劳断裂；在发生电梯紧急制动、安全钳和缓冲器动作等情况的冲击载荷作用时，确保齿轮不会有损伤，保证电梯运行安全。斜齿轮减速器如图1-12所示。

图 1-11 蜗轮蜗杆减速器

图 1-12 斜齿轮减速器

### 3. 行星齿轮减速器

行星齿轮减速器（如图 1-13 所示）具有结构紧凑，减速比大，传动平稳性和抗冲击承载能力优于斜齿轮传动，噪声小等优点。在交流拖动占主导地位的中高速电梯上有广阔的发展前景。行星齿轮减速器有利于采用小体积、高转速的交流电动机，具有维护要求简单、润滑方便、寿命长的特点，是一种新型的曳引机减速器。

## 1.4.3 曳引机的制动器

图 1-13 行星齿轮减速器

### 1. 制动器的作用

制动器是电梯上一个极其重要的部件。它的主要作用是保持轿厢的停止位置，防止电梯轿厢与对重的重量差产生的重力导致轿厢移动，保证进出轿厢的人员与货物的安全。

电梯制动器必须采用常闭式摩擦型机电式制动器。当主电路或控制电路断电时，制动器必须无附加延迟地立即制动。制动器的制动力应由有导向的压缩弹簧或重锤来施加。制动力矩应足以使以额定速度运行并载有 125% 的额定载荷的轿厢制停。制动过程应至少由两块闸瓦或两套制动件作用在制动轮或制动盘上来实现；如其中之一不起作用时，制动轮或制动盘上应仍能获得足够的制动力，使载有额定载荷的轿厢减速。

为了保证在断电或紧急情况下能移动轿厢，当向上移动具有额定载重负荷的轿厢，所需力不大于 400N 时，制动器应具有手动松闸装置，应能手动松开制动器并需以一持续力保持其松开状态（松手即闭）；当所需动作力大于 400N 时，电梯应设置紧急电动运行装置。

对于可拆卸的盘车手轮，应放置在机房内容易接近的地方。对于同一机房内多台电梯，如盘车手轮有可能与相配的电梯驱动主机搞混时，则应在手轮上做适当标记。

在机房内应易于检查轿厢是否在开锁区。这种检查可借助于曳引绳或限速器绳上的标记来实现。

至少应用两个独立的电气装置来切断制动器电流，当电梯停止时，如果其中一个接触器主触点未打开，最迟到下一次运行方向改变时，应防止电梯再运行。

**2. 制动器的结构**

制动器结构

电梯使用的制动器，为保证动作的稳定性和减小噪声，一般均采用直流电磁铁开闸的瓦块式制动器，制动轮应与曳引轮连接。

制动器一般由制动轮、制动电磁铁、制动臂、制动闸瓦、制动器弹簧等组成，图 1-14 所示为卧式电磁铁制动器，工作原理如下：电梯处于停止状态，制动臂 4 在制动弹簧 7 作用下，带动制动闸瓦 6 及闸皮压向制动轮 5 工作表面，抱闸制动，此时制动闸瓦紧密贴合在制动轮 5 的工作表面上，其接触面积必须大于闸瓦面积的 80% 以上；当曳引机开始运转时，制动电磁铁线圈 1 得电，电磁铁心 2 被吸合，推动制动臂 4 克服制动弹簧 7 的压力，带动制动闸瓦 6 松开并离开制动轮 5 工作表面，抱闸释放，电梯起动工作。

图 1-15 所示的制动器电磁铁是立式的。铁心分为动铁心 6 和定铁心（电磁铁座 4），上部的是动铁心，铁心吸合时，动铁心向下运动，顶杆 8 推动转臂 11 转动，将两侧制动臂 9 及闸瓦块 14 和闸皮 15 推开，达到松闸的目的。其工作过程原理与卧式电磁铁制动器相同，仅是在传动结构上有所变化。

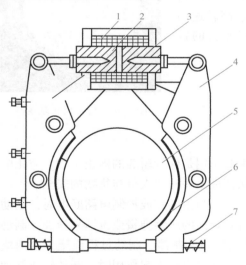

图 1-14 卧式电磁铁制动器
1—线圈 2—电磁铁心 3—调节螺母 4—制动臂
5—制动轮 6—闸瓦 7—制动弹簧

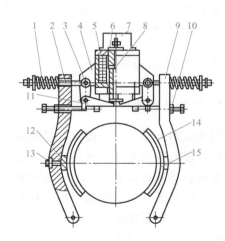

图 1-15 立式电磁铁制动器
1—制动弹簧 2—拉杆 3—销钉 4—电磁铁座
5—线圈 6—动铁心 7—罩盖 8—顶杆 9—制动臂
10—顶杆螺栓 11—转臂 12—球头
13—连接螺钉 14—闸瓦块 15—闸皮

由于结构限制，瓦块式制动器的独立工作瓦块一般只能为两组，其作用应互相独立。但有些老式制动器的两组制动瓦块不能互相独立作用，当制动弹簧或一侧瓦块动作失效时，另一侧也不能独立起作用，安全性很差，应当淘汰。最新发展的多点作用盘式制动器，其独立

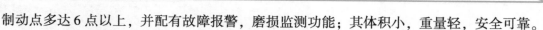

制动点多达 6 点以上，并配有故障报警，磨损监测功能；其体积小，重量轻，安全可靠。

无齿轮曳引机的制动器直接作用于曳引轮轴，所需制动力矩很大，制动轮或制动盘的直径不能太小，从而造成制动器的体积大大增加。为减小曳引机体积，无齿轮曳引机一般采用内胀式制动器。

### 1.4.4　曳引机的曳引力

电梯曳引轮槽中能产生的最大的有效曳引力是钢丝绳与轮槽之间的当量摩擦系数和钢丝绳绕过曳引轮所包络的弧度的函数。它表达了一个连续柔性体在一个刚性圆柱面上包络所产生的摩擦力关系式，即为著名的欧拉公式，其表达式为：

$$T_1/T_2 = e^{f\alpha} \quad （推导略）$$

式中　$T_1$——曳引轮两侧钢丝绳中较大静张力；

　　　$T_2$——曳引轮两侧钢丝绳中较小静张力；

　　　$e$——自然对数底；

　　　$f$——钢丝绳在曳引轮槽中的当量摩擦系数；

　　　$\alpha$——钢丝绳在曳引轮上的包角（弧度）。

这一公式表达了曳引钢丝绳在轮槽中处于滑移临界状态时，曳引轮两侧钢丝绳中较大拉力与较小拉力之比与当量摩擦系数和包角的数学关系。为保证电梯在工作情况下曳引绳不打滑，必须考虑电梯在任何可能的状态下都要有足够的曳引力。为此必须考虑正常状态下电梯可能产生的最大动载力、静载力，还应考虑钢丝绳与轮槽间的摩擦系数变化的可能。所以，电梯曳引力必须满足下列公式：

$$\frac{T_1}{T_2} = C_1 C_2 \leqslant e^{f\alpha}$$

式中　$T_1/T_2$——曳引轮两侧钢丝绳中较大静张力与较小静张力之比，取轿厢载有 125% 额定载荷处于最低层站时和空载轿厢位于最高层站时两种工况中张力比之中的较大值。

　　　$C_1$——与轿厢加减速度有关的系数，其值为 $C = \dfrac{(g+a)}{(g-a)}$。$g$ 为重力加速度，$a$ 为轿厢电气拖动最大加减速度中绝对值的较大值。$C_1$ 的最小允许值如下：当 $0 < v \leqslant 0.63\text{m/s}$ 时为 1.10；当 $0.63\text{m/s} < v \leqslant 1\text{m/s}$ 时为 1.15；当 $1\text{m/s} < v \leqslant 1.6\text{m/s}$ 时为 1.20；当 $1.6\text{m/s} < v \leqslant 2.5\text{m/s}$ 时为 1.25，当 $v > 2.5\text{m/s}$ 为 $\geqslant 1.25$；

　　　$C_2$——与曳引轮槽形状有关的磨损补偿系数，对于半圆或半圆带切口槽，$C_2 = 1$；对于 V 形槽，$C_2 = 1.2$。

从以上公式可以看出，在 $C_1$、$C_2$ 取最小值后，要提高电梯的曳引力，可从增大 $e^{f\alpha}$ 的值和减小 $T_1/T_2$ 值入手。

1. 提高当量摩擦系数

电梯曳引力公式中 $f$ 是当量摩擦系数，它与曳引轮槽和钢丝绳的实际接触状况有关。改变轮槽与钢丝绳的接触形式可提高当量摩擦系数。

1）采用 V 形槽时，当量摩擦系数为

$$f = \frac{\mu}{\sin\left(\dfrac{\gamma}{2}\right)}$$

式中   $\mu$——钢丝绳与轮槽的实际摩擦系数；

　　   $\gamma$——V 形槽的槽形夹角。

2）采用半圆带切口槽时，按摩擦力与正压力之间的关系式，可推导出当量摩擦系数为

$$f = \frac{4\mu\left[1 - \sin\left(\dfrac{\beta}{2}\right)\right]}{\pi - \beta - \sin\beta}$$

式中   $\beta$——半圆带切口槽的切口角。

从以上公式可见，减小 V 形槽槽形夹角和加大半圆槽切口角均可提高当量摩擦系数。但这样会使钢丝绳在轮槽中所受到的挤压力增加，使钢丝绳使用寿命降低。此外，V 形槽的槽形夹角过小会导致钢丝绳卡在轮槽内，半圆槽切口角过大同样会造成卡绳，影响电梯正常运行。因此，V 形槽槽形夹角不宜小于 32°；半圆槽切口角不宜大于 106°。

## 2. 增大包角

增大钢丝绳在曳引轮上的包角也是提高曳引力的有效手段，增大包角可采用复绕形式。复绕使曳引绳重复绕过曳引轮，使包角增加一倍以上，可大大提高曳引力。但复绕方式使曳引轮宽度成倍增加，还使曳引轮和导向轮轴受力成倍增加，所以复绕形式一般用于无齿轮曳引机上。

## 3. 提高轿厢自重

为使电梯轿厢在极端工况下不发生曳引打滑，应考虑两种极端工况。假定加速度和槽形磨损系数 $C_1$、$C_2$ 不变，曳引绳及随行电缆自重已由补偿装置平衡。则空载轿厢位于最高层站时，$T_1/T_2$ 可表达为

$$\frac{T_1}{T_2} = \frac{P + \psi Q}{P}$$

式中   $\psi$——平衡系数；

　　   $P$——轿厢自重；

　　   $Q$——额定载重量。

令 $k = P/Q$ 则有

$$\frac{T_1}{T_2} = \frac{(k + \psi)Q}{kQ} = \frac{k + \psi}{k}$$

同样，当轿厢载有 125% 额定载荷位于最低层站时，$T_1/T_2$ 可表达为

$$\frac{T_1}{T_2} = \frac{1.25Q + P}{P + \psi Q} = \frac{1.25 + k}{k + \psi}$$

因为 $T_1/T_2$ 大于 1，当轿厢自重增加，即 $k$ 增大时，以上两式中分子分母同时加上一个增量 $k_0$，则有

$$\frac{k + k_0 + \psi}{k + k_0} < \frac{k + \psi}{k}$$

$$\frac{1.25+k+k_0}{k+k_0+\psi} < \frac{1.25+k}{k+\psi}$$

由以上两式可以看出，当轿厢自重增加时保持平衡系数不变，实际曳引比必减小，也就使电梯的曳引力得到增强。但轿厢自重增加是以增加材料消耗为代价的，因此一般在设计中应尽量避免。

### 1.4.5 曳引钢丝绳

#### 1. 曳引钢丝绳的结构、材料要求

曳引钢丝绳也称曳引绳，是电梯上专用的钢丝绳，其功能就是连接轿厢和对重装置，并被曳引机驱动使轿厢升降，它承载着轿厢自重、对重装置自重、额定载重量及驱动力和制动力的总和。

曳引钢丝绳一般采用圆形股状结构，主要由钢丝、绳股和绳芯组成，其股状结构如图1-16所示。钢丝是钢丝绳的基本组成件，要求钢丝有很高的强度和韧性（含挠性），图1-17所示为曳引钢丝绳横截面图。

图1-16  曳引钢丝绳股状结构

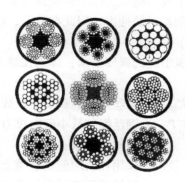

图1-17  曳引钢丝绳横截面图

钢丝绳股由若干根钢丝捻成，钢丝是钢丝绳股的基本强度单元。每一个绳股中含有相同规格和数量的钢丝，并按一定的捻制方法制成绳股，再由若干根绳股编制成钢丝绳，股数越多，疲劳强度就越高。绳芯是被绳股所缠绕的挠性芯棒，通常由剑麻纤维或聚烯烃类（聚丙烯或聚乙烯）等合成纤维制成，能起到支撑和固定绳股的作用，且能储存润滑剂。GB/T 8903—2005《电梯用钢丝绳》中规定电梯使用的曳引钢丝绳一般是6股和8股，即$6\times19S^{\ominus}$ + NF$^{\ominus}$和$8\times19S$ + NF两种，如图1-18所示。

$6\times19S$ + NF型钢丝绳为6股，每股3层，外侧两层均为9根钢丝，内部为1根钢丝，如图1-18b所示；$8\times19S$ + NF型与$6\times19S$ + NF型结构相同，钢丝绳为8股，每股3层，外侧两层均为9根钢丝，内部为1根钢丝，如图1-18c所示。上述钢丝绳直径有6mm、8mm、11mm、13mm、16mm、19mm、22mm等几种规格。

---

⊖  S表示西鲁式钢丝绳。

⊖  NF表示天然纤维芯。

GB/T 8903—2005 对钢丝的化学成分、力学性能等也做了详细规定，要求由碳的质量分数为 0.4% ~ 1% 的优质钢材制成，材料中的硫、磷等杂质的含量小于 0.035%。

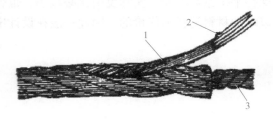 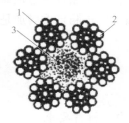 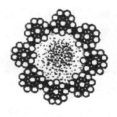

a) 钢丝绳结构大图        b) 6×19S+NF曳引钢丝绳        c) 8×19S+NF曳引钢丝绳

图 1-18   6 股和 8 股曳引钢丝绳

1—绳股    2—钢丝    3—绳芯

**2. 曳引钢丝绳的性能要求**

由于曳引绳在工作中会受到反复的弯曲，且在绳槽中承受着很高的比压，并频繁承受电梯起、制动时的冲击。因此在强度、耐磨性及挠性方面均有很高要求。

（1）强度

对曳引绳的强度要求，体现在静载安全系数上。静载安全系数为

$$K_{静} = Pn/T$$

式中   $K_{静}$——钢丝绳的静载安全系数 GB/T 8903—2005 规定大于 12；

       $P$——钢丝绳的最小破断拉力（N）；

       $n$——钢丝绳根数；

       $T$——作用在轿厢侧钢丝绳上的最大静荷力（N），$T$ = 轿厢自重 + 额定载重 + 作用于轿厢侧钢丝绳的最大自重。

从使用安全的角度看，曳引绳强度要求的内容还应加上对钢丝根数的要求。我国规定不少于 3 根。

（2）耐磨性

电梯在运行时，曳引绳与绳槽之间始终存在着一定的滑动，而产生摩擦，因此，要求曳引绳必须有良好的耐磨性。钢丝绳的耐磨性与外层钢丝的粗度有很大关系，因此，曳引绳多采用外粗式钢丝绳，外层钢丝的直径一般不少于 0.6mm。

（3）挠性

良好的挠性能减少曳引绳在弯曲时的应力，有利于延长使用寿命，为此，曳引绳均采用纤维芯结构的双挠绳。

**3. 曳引钢丝绳的主要规格参数与性能指标**

（1）主要规格参数

曳引钢丝绳的主要规格参数为：公称直径，指绳外围最大直径。

（2）主要性能指标

曳引钢丝绳的主要性能指标为：破断拉力及公称抗拉强度。

1）破断拉力——指整条钢丝绳被拉断时的最小拉力，是钢丝绳中钢丝的组合抗拉能力，决定于钢丝绳的强度和绳中钢丝的填充率。

2）破断拉力总和——钢丝在未被缠绕前抗拉强度的总和。但钢丝绳一经缠绕成绳后，由于弯曲变形，使其抗拉强度有所下降，因此两者间有一定比例关系。

$$破断拉力 = 破断拉力总和 \times 0.85$$

3）公称抗拉强度——指单位钢丝绳截面积的抗拉能力单位为 $N/mm^2$。

$$公称抗拉强度 = \frac{钢丝绳破断拉力总和}{钢丝绳截面积总和}$$

**4. 曳引钢丝绳的端部连接装置**

曳引钢丝绳的端部连接装置是电梯上一组重要的承力构件。钢丝绳与端部连接装置的结合强度应至少能承受钢丝绳最小破断负荷的80%。每根绳端的连接装置应是独立的，每根绳至少有一端的连接装置是可调节钢丝绳张力的。

钢丝绳端部连接装置常用的有以下几种：

（1）锥套型

连接锥套经铸造或锻造成型，根据吊杆与锥套的连接方式不同，端部连接锥套又可分为铰接式、整体式和螺绞连接式。

钢丝绳与锥套的连接是在电梯安装现场完成的。最常用的是巴氏合金浇铸法。将钢丝绳端部绳股拆开并清洗干净，然后将钢丝折弯倒插入锥套，将熔融的巴氏合金灌入锥套，冷却固化即可。但这种方法若操作不当则很难达到预计强度。

（2）自锁楔型

自锁楔型绳套由套筒和楔块组成，如图1-19所示。钢丝绳绕过楔块后穿入套筒，依靠楔块与套筒内孔斜面的配合，在钢丝绳拉力作用下自锁固定。为防止楔块松脱，楔块下端设有开口销，绳端用绳夹固定。这种绳端连接方法具有拆装方便的优点，但抗冲击性能较差。

（3）绳夹

使用钢丝绳通用绳夹紧固绳端是一种简单方便的方法。绳头如图1-20所示，钢丝绳绕过鸡心环套形成连接环，绳端部至少用三个绳夹固定。由于绳夹夹绳时对钢丝绳产生很大的应力，所以这种连接方式连接强度较低，一般仅在杂物梯上使用。

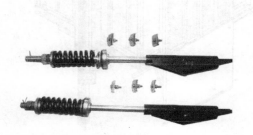

图1-19　自锁楔型绳套

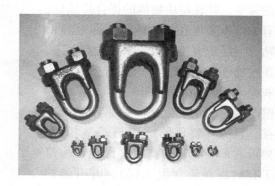

图1-20　绳夹

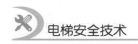 

电梯钢丝绳端部连接装置的形式还有捻接、套管固定等方法。钢丝绳张力调节一般采用螺纹调节。为减少各绳伸长差异对张力造成过大影响，一般在绳端连接处加装压缩弹簧或橡胶垫以均衡各绳张力，同时起缓冲减振作用。曳引钢丝绳的张力差应小于5%。

## 1.5 电梯的轿厢系统及门系统

### 1.5.1 电梯的轿厢系统

#### 1. 轿厢的总体构造

轿厢的总体构造如图1-21所示，轿厢本身主要由轿厢架和轿厢体两部分构成，其中还包括若干个构件和有关的装置。

在轿厢整体结构中，轿厢架作为承重结构件，制作成一个金属框架，一般由上梁、下梁、立梁和拉条等组成。框架选用型钢或钢板按要求压成型材构成，上梁、下梁、立梁之间一般采用螺栓连接。在上、下梁的两端有供安装轿厢导靴和安全钳的位置，在上梁中部设有安装轿顶轮或绳头组合装置的安装板，上梁上还装有安全钳操作拉杆和电气开关，在立梁（侧立柱）上留有安装轿厢壁板的支架及排布有安全钳操纵拉杆等。

轿厢体形态像一个大箱子，由轿底、轿壁、轿顶及轿门等组成，轿底框架采用规定型号及尺寸的槽钢和角钢焊成，并在上面铺设一层钢板或木板。为使之美观，常在钢板或木板之上再粘贴一层塑料地板。轿壁由几块薄钢板拼合而成。每块构件的中部有特殊形状的纵向筋，目的是增强轿壁的强度，并在每块物体的拼合接缝处，有装饰嵌条遮住。轿内壁板面上通常贴有一层防火塑料板或采用具有图案、花纹的不锈钢薄板等，也有把轿壁填灰磨平后再喷漆的。轿壁间，以及轿壁与轿顶、轿底之间一般采用螺钉连接、紧固。轿顶的结构与轿壁相似，要求能承受一定的载重（因电梯检修工有时需在轿顶上工作），并有防护栏以及根据设计要求设置的安全窗。

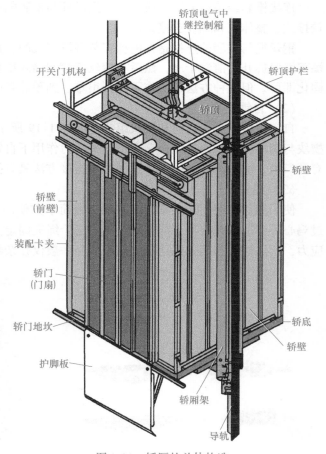

图 1-21　轿厢的总体构造

有的轿顶下面装有装饰板（一般客梯有，货梯没有），在装饰板的上面安装照明、风扇。

另外，为防止电梯超载运行，多数电梯在轿厢上设置了超载装置。根据超载装置安装的位置不同，有轿底称重式（超载装置安在轿厢底部）及轿顶称重式（超载装置安在轿厢上梁）等。

**2. 轿厢的分类**

（1）按用途分类

轿厢可分为客梯轿厢、货梯轿厢、住宅梯轿厢、病床梯轿厢、汽车梯轿厢、观光梯轿厢和杂物梯轿厢等。

（2）按开门方式分

轿厢可分为自动门轿厢、手动门轿厢、半自动门轿厢等。

（3）按门结构形式分

轿厢可分为中分门轿厢、双折或三折侧开门轿厢、铰链门轿厢、直分门轿厢等。

（4）按轿底结构分

轿厢可分为固定轿底轿厢和活动轿底轿厢。

**3. 轿厢构成的相关规定**

电梯轿厢是运载乘客或货物的金属箱框形装置，其一般外形如图1-22所示。

图1-22　电梯轿厢外形

（1）轿厢的构成

轿厢一般由轿厢架、轿底、轿壁、轿顶、轿门及开门机构成。

轿厢架由上梁、下梁、立柱、拉条等部件组成，其作用是固定和悬吊轿厢；在上、下梁两端固定有导靴，引导轿厢沿着导轨上下移动，保持轿厢在井道内的水平位置。在下梁上装有安全钳，在电梯超速下坠时，安全钳可在限速器带动下将轿厢夹持在导轨上，在上梁上还有固定绳吊板或轿顶反绳轮，起悬吊轿厢的作用。

电梯轿厢是装载乘客或货物，具有方便出入门装置的箱形结构部件，是与乘客或货物直接接触的。轿厢由轿厢架和轿厢体组成，导靴、安全钳及操纵机构等也装设于轿厢架上，基本结构如图 1-23 所示。

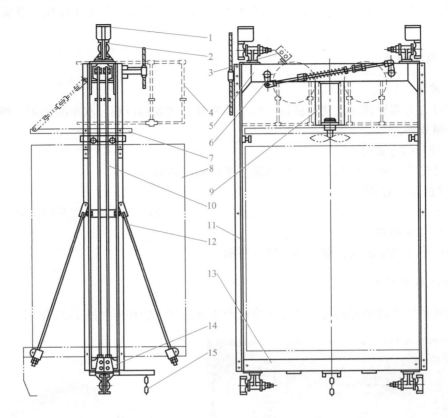

图 1-23　轿厢结构示意图

1—导轨加油盒　2—导靴　3—轿顶检修窗　4—轿顶安全护栏　5—上梁　6—安全钳传动机构
7—开门机架　8—轿厢　9—风扇架　10—安全钳拉杆　11—立柱　12—拉条
13—下梁　14—安全钳体　15—补偿装置

（2）轿厢的一般规定

为保证轿厢满足各种使用要求，轿厢的几何尺寸有相应的规定。

1）净高度。各类轿厢除杂物梯外内部净高度至少为 2000mm。通常，载货电梯内部净高度为 2000mm，乘客电梯因顶部装饰需要净高度为 2400mm，住宅电梯为满足家具的搬运内部高度一般为 2400mm，轿厢门净高度至少为 2000mm。

2）宽度和深度。客梯轿厢宽度大而深度较小，以利于增加开门宽度，方便乘客出入。病床梯轿厢为满足搬运病床的需要，深度不小于 2500mm，宽度不小于 1600mm。货梯轿厢可根据运载对象确定不同的宽度和深度尺寸。

3）有效面积。为避免轿厢乘客过多而引起超载，必须对轿厢的有效面积做出限制。轿厢的有效面积指轿厢壁板内侧实际面积，国标 GB 7588—2003《电梯制造与安装安全规范》对轿厢的有效面积与乘客人数、额定载重量都做了具体规定，见表 1-4、表 1-5。

表1-4 乘客人数与轿厢最小有效面积

| 乘客人数/人 | 轿厢最小有效面积/m² | 乘客人数/人 | 轿厢最小有效面积/m² | 乘客人数/人 | 轿厢最小有效面积/m² | 乘客人数/人 | 轿厢最小有效面积/m² |
|---|---|---|---|---|---|---|---|
| 1 | 0.28 | 6 | 1.17 | 11 | 1.87 | 16 | 2.57 |
| 2 | 0.49 | 7 | 1.31 | 12 | 2.01 | 17 | 2.71 |
| 3 | 0.60 | 8 | 1.45 | 13 | 2.15 | 18 | 2.85 |
| 4 | 0.79 | 9 | 1.59 | 14 | 2.29 | 19 | 2.99 |
| 5 | 0.98 | 10 | 1.73 | 15 | 2.43 | 20 | 3.13 |

注：超过20位乘客时，每超出一位面积增加0.115m²。

表1-5 额定载重量与轿厢最大有效面积

| 额定载重量/kg | 轿厢最大有效面积/m² | 额定载重量/kg | 轿厢最大有效面积/m² |
|---|---|---|---|
| 100① | 0.37 | 900 | 2.20 |
| 180② | 0.58 | 975 | 2.35 |
| 225 | 0.70 | 1000 | 2.40 |
| 300 | 0.90 | 1050 | 2.50 |
| 375 | 1.10 | 1125 | 2.65 |
| 400 | 1.17 | 1200 | 2.80 |
| 450 | 1.30 | 1250 | 2.90 |
| 525 | 1.45 | 1275 | 2.95 |
| 600 | 1.60 | 1350 | 3.10 |
| 630 | 1.66 | 1425 | 3.25 |
| 675 | 1.75 | 1500 | 3.40 |
| 750 | 1.90 | 1600 | 3.56 |
| 800 | 2.00 | 2000 | 4.20 |
| 825 | 2.05 | 2500③ | 5.00 |

① 一人电梯的最小值。

② 二人电梯的最小值。

③ 额定载重量超过2500kg时，每增加100kg，面积增加0.16m²，对中间的载重量，其面积由线性插入法确定。

电梯的额定乘客数量应根据电梯的额定载重量由下述公式求得：

$$额定载客数 = 额定载重量/(75kg)$$

计算结果向下圆整到最近的整数，或参考表1-5取其中较小的数值。

载货电梯及未经批准且未受过训练的使用者使用的非商业用汽车电梯，其轿厢有效面积亦应予以限制。此外在设计计算时，不仅要考虑额定载重量，还要考虑可能进入轿厢的运载重量（货物比重不同造成的差异）。特殊情况下，载货电梯和病床电梯为了满足使用要求而难以同时满足对其轿厢有效面积予以限制的规定，在其额定载重量受到有效控制条件下（如安装超载限制装置，且保持灵敏可靠）轿厢面积可参照表1-6的规定执行。

专供批准的且受过训练的使用者使用的非商业用汽车电梯，额定载重量应按单位轿厢有效面积不小于200kg/m²计算，与上述防止轿厢超载的方法不同之处在于这种电梯是以轿厢有效面积乘以单位面积规定能承受的载重量来决定额定载重量的，而不是采用限制轿厢有效面积来限制载重量的（或人数）。

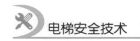 

（3）轿厢护脚板规定

为了防止轿厢平层结束前提前开门或平层后轿厢地坎高出层门地坎时因剪切而伤害脚趾，每一轿厢地坎均须装设护脚板，其宽度应等于相应层站入口整个净宽度。护脚板的垂直部分以下应成斜面向下延伸，斜面与水平面的夹角应大于60°，该斜面在水平面上的投影深度不得小于20mm，垂直部分的高度应不小于0.75m。

（4）轿壁、轿厢地板和轿顶的结构要求

轿壁、轿厢地板和轿顶须具有足够的机械强度，且应完全封闭，只允许有下列开口：

① 使用者经常出入的入口。

② 轿厢安全门或轿厢安全窗。

③ 通风孔。

（5）紧急报警装置规定

为使乘客在需要的时候能有效地向轿厢外求援，应在轿厢内装设乘客易于识别和触及的报警装置。该装置可采用警铃、对讲系统、外部电话或类似的形式。其电源应来自可自动再充电的紧急电源或由等效的电源来供电。当轿厢内电话与公用电话网连接时，不必执行此规定。建筑物内的组织机构应能及时有效地应答紧急求援呼救。

如果电梯行程大于30m，在轿厢和机房之间还应设置可自动再充电的紧急电源供电的对讲系统或类似装置，使维修和检查变得方便和安全。

（6）轿厢照明规定

轿厢应装备永久性的电气照明，使控制装置上的照明度应不小于50lx，轿厢地板上的照明度宜不小于50lx。如果照明是采用白炽灯，则至少要有两只灯泡并联。轿厢内还应备有可自动再充电的紧急照明电源，在正常电源被中断时，它至少能供1W灯泡用电1h，并能自动接通电源。轿厢照明如图1-24所示。

（7）轿顶要求及在轿顶上的装置规定

轿顶应有一定的机械强度，能支撑两个人，即在轿顶的任何位置上，均能承受2000N的垂直力而无永久变形。轿顶应具有一块不小于0.12m² 的站人净面积，其短边应不小于0.25m。

图1-24  轿厢照明

如果在轿架上固定有反绳轮，则应设置挡绳装置和护罩，以避免悬挂绳松弛时脱离绳槽，伤害人体和绳与绳槽之间进入杂物。这些装置的结构应不妨碍对反绳轮的检查和维修，若悬挂采用链条时，也要有类似的装置。

轿顶上应安装检修运行控制装置、停止开关和电源插座。

## 1.5.2　电梯门系统

### 1. 电梯门系统的组成及其作用

（1）门系统的组成

门系统主要包括轿门（轿厢门）、层门（厅门）与开门、关门等系统及其附属的零部件。

（2）作用

层门和轿门都是为了防止人员和物品坠入井道或轿内乘客和物品与井道相撞而发生危险，都是电梯的重要安全保护设施。

（3）层门

特别是电梯层门，是乘客在使用电梯时首先看到或接触到的部分。层门是电梯很重要的一个安全设施，根据不完全统计，电梯发生的人身伤亡事故约有70%是由于层门的质量及使用不当等引起的。因此，层门的开闭与锁紧是保证电梯使用者安全的首要条件。

（4）轿门、层门及其相互关系

轿门是设置在轿厢入口的门，即设在轿厢靠近层门的一侧，供司机、乘客和货物的进出。简易电梯中，开关门是用手操作的，因此称为手动门。一般的电梯都装有自动开启，由轿门带动的，层门上装有电气、机械联锁装置的门锁。只有轿门开启才能带动层门的开启。所以轿门称为主动门，层门称为被动门。

只有轿门、层门完全关闭后，电梯才能运行。

为了将轿门的运动传递给层门，轿门上设有系合装置（如门刀），门刀通过与层门门锁的配合，使轿门能带动层门运动。

为了防止电梯在关门时将人夹住，在轿门上常设有关门安全装置（防夹保护装置）。

**2. 电梯门的分类**

电梯门从安装位置来分可以分为两种，装在井道入口层站处的为层门，装在轿厢入口处的为轿门。层门和轿门按照结构形式可分为中分门、旁开门、垂直滑动门、铰链门等。中分式门主要用在乘客电梯上，旁开式门在货梯和病床梯上用得较普遍，垂直滑动门主要用于杂物梯和大型汽车电梯，铰链门在国内较少采用，在国外住宅梯中采用较多。

**3. 电梯门的结构**

电梯层门和轿门一般由门、导轨、滑轮、滑块、门框、地坎等部件组成。门一般由薄钢板制成，为了使门具有一定的机械强度和刚性，在门的背面配有加强筋。为减小门运动中产生的噪声，门板背面涂贴防振材料。导轨有扁钢和C形折边导轨两种。门通过滑轮与导轨相连，门的下部装有滑块，插入地坎的滑槽中。门的下部导向用的地坎由铸铁、铝或铜型材制作，货梯一般用铸铁地坎，客梯可采用铝或铜地坎。

**4. 层门的基本要求**

层门应是无孔的门，净高度不得小于2m。层门关闭后门扇之间、门扇和立柱、门楣和地坎之间的间隙应尽可能小，乘客电梯应为1~6mm，载货电梯应为1~8mm。为了避免运行期间发生剪切的危险，自动层门的外表面不应有大于3mm的凹进或凸出部分（三角形开锁处除外）。这些凹进或凸出部分的边缘应在两个方向上倒角。装有门锁的层门应具有一定的机械强度。在水平滑动门的开启方向，以150N的人力（不用工具）施加在一个最不利点上时，门扇之间、门扇与立柱、门楣之间的间隙不得大于30mm。层门净入口宽度比轿厢净入口宽度在任何一侧的超出部分均不应大于0.05m（采用了适当措施的除外）。

**5. 层门地坎**

层门地坎应具有足够的机械强度，以承受通过它进入轿厢的载荷，其水平度不大于 2/1000。各层站地坎应高出装饰后地面 2～5mm，以防止层站地面洗涮、洒水时，水流进井道。

**6. 层门的导向装置**

水平滑动门的顶部和底部都应设有导向装置，层门在正常运行中应避免脱轨、卡住或在行程终端时错位。

**7. 层门的运动保护**

动力操纵的水平滑动门应尽量减少人被门扇撞击后而造成的伤害，为此国家规范作了如下的一些规定：

1）阻止关门的力应不大于 150N（这个力的测量在关门行程开始后的 1/3 之后进行）。

2）层门及其刚性连接的机械零件的动能，在平均关门速度下的测量值或计算值应不大于 10J。在使用人员连续控制下进行关闭的门（揿住按钮才能使其关闭的门），其动能大于 10J 时，最快的门扇平均关门速度不得大于 0.3m/s。

3）应有一个保护装置（通常设在轿门上），当乘客在层门关闭或开始关闭过程中通过入口而被门撞击（或将被撞击）时，该保护装置应自动使门重新开启（但该保护装置在每扇门的最后 50mm 的行程中可以不起作用）。

**8. 层站的局部照明**

在层站附近，层站的自然或人工照明在地面上应不小于 50lx，以便使用者在打开层门进入轿厢时，即使轿厢照明发生故障时也能看清轿厢。

若采用透明窥视窗，则应符合下列条件：

1）窥视窗应具有与层门相同的机械强度。

2）玻璃的厚度不得小于 6mm。

3）每个层门的玻璃面积不得小于 0.015m，每个窥视窗的面积不得小于 0.01m$^2$。

4）宽度不小于 60mm，不大于 150mm。宽度大于 80mm 的窥视窗下沿距地面不得小于 1m。

5）如果层门采用窥视窗，则轿门上也必须装窥视窗。当轿厢处于平层位置时，两个窥视窗的位置应重合。

若采用一个发光的"轿厢在此"的信号，它只能当轿厢即将停在或已经停在特定的楼层时燃亮。且在轿厢停留在那里的所有的时间内，该信号灯应保持燃亮。

**9. 轿门的基本要求**

轿门的基本要求与层门的基本要求基本相同。

**10. 轿门的开启**

如果电梯由于某种原因停在靠近层站的地方，为允许乘客离开轿厢，在轿厢停住并切断开门机（如果有的话）电源的情况下应能从层站处从轿内用手开启或部分开启轿门。如果层门与轿门联动，从轿厢内开启或部分开启轿门的同时，联动开启层门或部分开启层门。

上述轿门的开启应至少能够在开锁区内施行，开门所需的力不得大于300N。

### 11. 轿厢安全窗

对于有一个或两个轿厢入口没有设轿门的电梯，轿厢必须设安全窗，其尺寸应不小于0.35m×0.5m。安全窗应有手动上锁装置，不用钥匙能从轿厢外开启，但用三角形钥匙能从轿厢内开启。安全窗只能向轿外开启，且开启后位置不得超过轿厢的边缘。安全窗上应有电气安全装置，以确保只有在安全窗锁紧的情况下电梯才能运行。

### 12. 门机的特点与组成

电梯层门和轿门的门机一般有自动、半自动和手动三种形式。目前除用户要求指定开关门动作形式外，一般均采用自动门机开关门。常见的门机如图1-25所示。

图1-25 门机

（1）门机的特点

使用自动门机开关门动作速度平稳，噪声小，无冲击，有利于提高层轿门结构寿命。此外，采用自动门机开关门减少了乘客的操作劳动，提高了开关门速度，缩短了开关门的时间，提高了电梯的运行效率。

在有自动功能的电梯上，为使电梯在无人操作情况下自动应答层站召唤信号，必须具备自动开关门功能。

（2）门机的位置

门机一般设置在轿厢顶部，根据不同的门结构型式，门机可位于轿顶前沿中部或旁侧。

在图1-25所示的门机结构中，电动机可以是交流电动机，也可以是直流电动机。门机传动机构以两级三角传动带传动减速，第二级大带轮兼作曲柄轮。曲柄轮顺时针转动，门开启；反之，门关闭。门电动机采用切换电阻调速时，可由安装在曲柄轮转动轴上的凸轮来控制行程开关；也可由安装在门扇上的撞弓来控制行程开关，实现调速功能。变频调速控制门机是实现门机平稳动作、节能降噪的最佳选择。

## 1.6 电梯的导向机构与对重

### 1.6.1 电梯的导向机构

#### 1. 电梯导向机构的组成

为保证轿厢和对重在井道内以规定的规迹上下运动，电梯必须设置导向机构。导向机构主要由导靴、导轨和导轨架组成。

导向系统在电梯运行过程中，限制轿厢和对重的活动自由度，使轿厢和对重只沿着各自的导轨做升降运动，不会发生横向的摆动和振动，保证轿厢和对重运行平稳不偏摆。电梯的导向系统包括轿厢导向系统（如图 1-26 所示）和对重导向系统（如图 1-27 所示）两个部分。

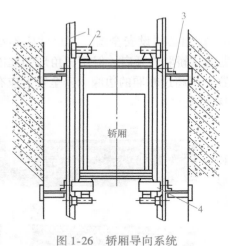 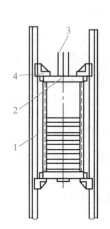

图 1-26　轿厢导向系统　　　　　　　　　　　图 1-27　对重导向系统
1—导轨　2—导靴　3—导轨架　4—安全钳　　　1—导轨　2—对重　3—曳引绳　4—导靴

　　轿厢以两根（至少）导轨和对重导轨限定了轿厢与对重在井道中的相互位置；导轨架作为导轨的支撑件，被固定在井道壁上；导靴安装在轿厢和对重架的两侧（轿厢和对重架各自装有至少四个导靴），导靴的靴衬（或滚轮）与导轨工作面配合，使一部电梯在曳引绳的牵引下，一边为轿厢，另一边为对重，分别沿着各自的导轨做上、下运行。

　　2. 导靴

　　设置在轿厢和对重装置上，其靴衬在导轨上滑动（或滚动）使轿厢和对重沿导轨运行的导向装置称为导靴。

　　导靴设置在轿厢架和对重架的四个角端，两个在上端，两个在下端。导靴主要有以下两种结构类型。

　　（1）滑动导靴

　　其靴衬在导轨上滑动，使轿厢和对重沿导轨运行的导向装置称为滑动导靴。滑动导靴常用于额定速度在 2.5m/s 以下的电梯。滑动导靴按其靴头与靴座的相对位置固定与否可分为固定滑动导靴和弹性滑动导靴。

　　1）固定滑动导靴一般用于载货电梯。货梯装卸货物时易产生偏载，使导靴受到较大的侧压力，要求导靴有足够的刚性和强度，固定滑动导靴能满足此要求。这种滑动导靴一般由靴衬和靴座两部分组成，靴座由铸造或焊接制成。靴衬常用摩擦系数低，耐磨性和滑动性好的尼龙或聚酯塑料制成。常用的固定滑动导靴如图 1-28 所示。

　　由于固定滑动导靴的靴头是固定的，导靴与导轨表面存在间隙。随着运行磨损这种间隙还将增大，使轿厢运行中易产生晃动，影响运行平稳性，因此这种导轨只用于额定速度不大于 0.63m/s 的电梯上。

　　2）弹性滑动导靴均有可浮动的靴头。其靴衬在弹簧或橡胶垫的作用下可紧贴导轨表面，使轿厢在运行中保持与导轨的相对位置，又可吸收轿厢运行中的水平振动能量，使轿厢晃动减小。因此常用于速度不大于 2.5m/s 的客梯上。常用的弹性滑动导靴如图 1-29 所示。

图 1-28 固定滑动导靴

图 1-29 弹性滑动导靴

（2）滚轮导靴

以三个滚轮代替滑动导靴的三个工作面，其滚轮沿导轨表面滚动的导向装置为滚轮导靴。滚轮导靴以滚动代替滑动，使导靴运行摩擦阻力大大减小，在高速运行时磨损量相应降低。滚轮的弹性支承有良好的吸振性能，可改善乘用舒适感，滚轮导靴在干燥的导轨表面工作，导轨表面无油可减小火灾危险。常用滚轮导靴如图 1-30 所示。

图 1-30 滚轮导靴

3. 导轨

（1）导轨的作用

1）是轿厢和对重在竖直方向运动时的导向，限制轿厢和对重的活动自由度。轿厢运动导向和对重运动导向使用各自的导轨，通常轿厢用导轨尺寸要稍大于对重用导轨。

2）当安全钳动作时，导轨作为固定在井道内被夹持的支承件，承受着轿厢或对重产生的强烈制动力，使轿厢或对重制停可靠。

3）防止由于轿厢的偏载而产生歪斜，保证轿厢运行平稳并减少振动。

（2）导轨的横截面形状和标识

1）导轨的横截面（断面）形状。一般钢质导轨常采用机械加工或冷轧加工方式制作，"T"形导轨和常见的导轨横截面如图 1-31 所示。

电梯中大量使用"T"形导轨（如图 1-31a 所示），但对于货梯对重导轨和额定速度为 1m/s 以下的客梯对重导轨，一般多采用"L"形（图 1-31b）导轨。

图 1-31c、d、e 常用于速度低于 0.63m/s 的电梯，导轨表面一般不做机械加工。

图 1-31f、g 为冷轧成型的导轨。

2）导轨的标识。"T"形导轨是电梯常见的专用导轨，具有良好的抗弯性能及加工性

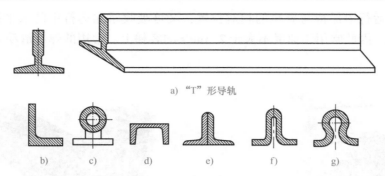

a) "T" 形导轨

b)　c)　d)　e)　f)　g)

图 1-31 "T" 形导轨及常见导轨横截面

能。"T" 形导轨的主要参数是底宽 $b$、高度 $h$ 和工作面厚度 $k$（如图 1-32 所示），我国原先用 $b×k$ 作为导轨规格标识，现已推广使用国际标准 "T" 形导轨的十三个规格，以底面宽度和工作面加工方法作为规格标志。

有的国家（如日本）是以导轨最终加工后每一米长度的重量（kg）作为规格区分，如 8kg、13kg 导轨等。

导轨定位方式应能以自动或简单调节方法来补偿建筑物正常下沉或混凝土收缩所造成的影响。应防止导轨附件的旋转而使导轨松脱。导轨固定不允许采用焊接固定。常见导轨如图 1-33 所示。

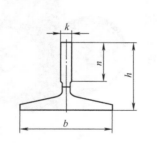

图 1-32 "T" 形导轨横截面图

图 1-33 导轨

#### 4. 导轨架

固定在井道壁或横梁上用来支撑和固定导轨的构件称为导轨架。导轨架随电梯的品种、规格尺寸以及建筑的不同而变化。导轨架有以下几种连接形式。

（1）直接埋入式

导轨架通过撑脚直接埋入预留孔中，其埋入深度一般不小于 120mm。

（2）焊接式

导轨架直接焊接在井道壁上的预埋铁上。

（3）对穿螺栓式

在井道壁厚度小于 120mm 时，用螺栓穿透井道壁固定导轨架。

（4）膨胀螺栓固定式

在井道壁为混凝土结构或有足够多的混凝土横梁时，可用电锤打孔后再用膨胀螺栓固定导轨架。这种固定方式的工艺方法对固定效果影响很大。

### 1.6.2　电梯的对重

#### 1. 对重导向作业与原理

重量平衡系统一般由对重装置和重量补偿装置两部分组成，如图1-34所示。对重是重量平衡系统的重要组成部分，可以平衡（相对平衡）轿厢的重量和部分电梯负载重量，减少电动机功率的损耗。当电梯负载与对重十分匹配时，还可以减小钢丝绳与绳轮之间的曳引力，延长钢丝绳的寿命。重量平衡系统的作用是使对重与轿厢能达到相对平衡，在电梯运行中即使载重量不断变化，仍能使两者间的重量差保持在较小限额之内，保证电梯的曳引传动平稳、正常。

由于曳引式电梯有对重装置，如果轿厢或对重撞在缓冲器上后，电梯失去曳引条件，避免了冲顶事故的发生。曳引式电梯由于设置了对重，使电梯的提升高度不像强制式驱动电梯那样受到卷筒的限制，因而提升高度大大提高。对重装置设置在井道中，由曳引绳经曳引轮与轿厢连接，在运行过程中起平衡作用。对重是曳引驱动不可缺少的重要组成部分。

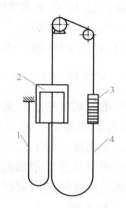

图1-34　重量平衡系统
1—随行电缆　2—轿厢
3—对重　4—重量补偿装置

对重（又称平衡重）相对于轿厢悬挂在曳引绳的另一侧，起到相对平衡轿厢的作用，并使轿厢与对重的重量通过曳引钢丝绳作用于曳引轮，保证足够的驱动力。由于轿厢的载重量是变化的，因此不可能做到两侧的重量始终相等并处于完全平衡状态。一般情况下，只有轿厢的载重量达到50%的额定载重量时，对重一侧和轿厢一侧才处于完全平衡，这时的载重量称电梯的平衡点，此时由于曳引绳两端的静荷重相等，使电梯处于最佳的工作状态。但是在电梯运行中的大多数情况下，曳引绳两端的荷重是不相等且是变化的，因此对重的作用只能使两侧的荷重之差处于一个较小的范围内变化。

#### 2. 对重重量值的确定

为了使对重装置能对轿厢起最佳的平衡作用，必须正确计算其重量。对重的重量值与电梯轿厢本身的净重和轿厢的额定载重量有关。一般在电梯满载和空载时，曳引钢丝绳两端的重量差值应为最小，以使曳引机组消耗功率少，钢丝绳不易打滑。

对重装置过轻或过重，都会给电梯的调整工作造成困难，影响电梯的整机性能和使用效果，甚至造成冲顶或蹲底事故。

对重的总重量 $W$ 通常用以下公式计算：

$$W = G + KQ$$

式中　$G$——轿厢自重（kg）；

$Q$——轿厢额定载重量（kg）；

$K$——电梯平衡系数，为 0.4 ~ 0.5，以钢丝绳两端重量的差值最小为好。

平衡系数选值原则是：尽量使电梯接近最佳工作状态。当电梯的对重装置和轿厢侧完全平衡时，只需克服各部分摩擦力就能运行，且电梯运行平稳，平层准确度高。因此对平衡系数 $K$ 的选取，应尽量使电梯能经常处于接近平衡状态。对于经常处于轻载的电梯，$K$ 可选取 0.4 ~ 0.45，对于经常处于重载的电梯，$K$ 可取 0.5。这样有利于节省动力，延长机件的使用寿命。

**例**：有一部客梯的额定载重量为 1000kg，轿厢自重为 1000kg，若平衡系数取 0.45，求对重的总重量。

**解**：已知 $G = 1000kg$，$Q = 1000kg$，$K = 0.45$，代入公式可得

$$W = G + KQ = 1000kg + 0.45 \times 1000kg = 1450kg$$

3. 对重的安装

对重由对重架、对重块、导靴、缓冲器撞板（延伸件）等组成。对重架通常用型钢作主体结构，其总高度一般不应大于轿架总高度。对重块可用金属制作或以钢筋混凝土整体充填，并应采取有效的措施将其固定在金属框架内。对重结构如图 1-35 所示。

当曳引绕绳比大于 1 时，对重架上设有滑轮。此时滑轮上部应有防止杂物进入绳与绳槽间的护罩，还应有防止曳引绳脱槽的挡绳装置，在底坑下部存在人能到达的空间时，对重上还应设置安全钳。

缓冲器撞板设置在对重架下部，撞板下可设置多节撞块，当曳引绳在使用中因伸长而导致对重缓冲距小于规范要求时，可拆去撞块以补偿对重缓冲距的减小量。当电梯顶层高度和底坑深度有足够裕度时，连接撞块可由数节组成，这样可给维修人员带来很大方便。

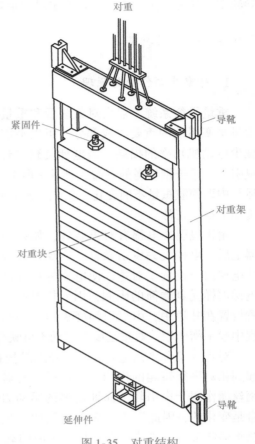

图 1-35　对重结构

（图标注：对重、导靴、紧固件、对重架、对重块、导靴、延伸件）

## 1.7　电梯的安全基础知识

### 1.7.1　劳动防护用品使用安全

劳动防护用品是用来减轻或消除事故伤害或职业危害所配备的一种防护性装备。劳动防护用品使用前必须检查，要符合有关标准，妥善保管，监督使用。使用后要整理，处理清洁后保存、修补、更换。对于不符合国家标准或行业标准，在使用期或保管期内遭到损坏或超过有效使用期，经检验未达到原规定的有效防护功能最低指标的劳动防护用品要进行报废处理。

电梯施工人员进入施工现场时必须严格佩戴安全帽、防护镜、安全鞋、安全带及绝缘手套。

**1. 安全帽的安全使用**

1）安全帽在佩戴前，应调整好松紧大小，以帽子不能在头部自由活动，自身又未感觉不适为宜。

2）必须拴紧下颚带，当人体发生坠落或二次击打时，不至于脱落。安全帽戴在头部可起到对头部的保护作用。

3）安全帽应戴正，帽带系紧，帽箍的大小应根据佩戴人的头形调整箍紧，女生佩戴安全帽应将头发放进帽衬。

**2. 安全带的安全使用**

1）安全带应该高挂低用，注意防止摆动碰撞。

2）安全带上的各种零部件不得任意拆掉，使用2年以上应抽检一次。

3）悬挂安全带应做冲击试验，频繁使用的安全带要经常做外观检查，发现异常时，应提前报废。新使用的安全带必须有产品检验合格证，无证明不准使用。

4）三点式腰部安全带应系得尽可能低些，最好系在髋部，不要系在腰部。

### 1.7.2　电梯安全标志

《电梯制造与安装安全规范》（GB 7588—2003）中规定，电梯在某些地方应设置安全标志。电梯的安全标志可分为说明类、提示类及警告类。

**1. 说明类标志**

此类标志主要指电梯各零部件的铭牌。不论是轿厢还是限速器，每一个零部件在相应位置都应贴有铭牌指示，指出设备名称、型号、生产厂家等信息，在安装及后期维修保养改造过程中方便技术人员核对信息。

**2. 提示类标志**

此类标志主要用文字、数字、图形或符号来提醒人们注意防止事故的发生。标志应设在明显、不会误操作的地方并且易于识别。例如，电梯的旋转部位要标出其旋转方向，方便工作人员识别电梯的运行方向或是盘车救援方向。

**3. 警告类标志**

此类标志是提醒人们对周围环境引起注意，以避免可能发生的危险。警告类标志（如图1-36所示）的图形基本形式是正三角形边框，警告类也可以通过简洁的语言发出命令。例如，电梯机房门上会设有"机房重地，闲人免进"标志。

安全色是为了使人们对周围存在的不安全因素引起注意，需要涂以醒目的颜色。统一使用安全色，能使人

请靠右小心站稳

禁用手推车

小孩必须拉住

禁止嬉戏 打闹 攀爬

图1-36　警告类标志

们在紧急状况下，快速识别危险，尽快采取措施，有助于防止事故发生。

安全色有红色、蓝色、黄色、绿色、红色与白色相间条纹、黄色与黑色相间条纹、蓝色与白色相间条纹。对比色有白色和黑色。红色表示禁止、停止、危险以及消防设备的意思。凡是禁止、停止、消防和有危险的器件或环境均应涂以红色的标记作为警示。蓝色表示指令，要求人们必须遵守的规定。黄色表示提醒人们注意，凡是警告人们注意的器件、设备及环境都应以黄色表示。绿色给人们提供允许、安全的信息。黑色用于安全标志的文字、图形符号和警告标志的几何边框。白色可作为安全标志红色、蓝色、绿色的背景色，也可用于安全标志的文字和图形符号。

### 1.7.3 电梯防火安全

高层建筑的电梯使用率较高，随着生活水平的提高，用火、电、油、气日益增多，引发火灾的因素也相对增加。一般火灾的蔓延路径为：建筑内房间起火后，室内烟气流量增加，烟火从门窗向室外和走廊蔓延扩散，高温烟气碰到顶棚后，就沿水平方向流动，并通过楼板孔洞、各种竖井管道向上迅速蔓延，很快达到建筑最高层，产生的烟囱效应加速火灾蔓延的速度。由于着火层室温上升，在建筑物上层部分会产生由室内向室外的压力，建筑物下层部分则产生由室外向室内的压力，从而形成向上强对流。正是由于这种强对流"烟囱效应"的作用，建筑物的楼梯间、电梯间以及各管竖井将成为烟火蔓延扩大的主要途径，因此做好电梯防火安全也是一项重要内容。

为防止火灾发生，从设计、生产到投入使用，均应采取预防措施，杜绝火灾隐患。

**1. 电梯井道串通各层楼板，形成竖向连通孔洞**

因电梯使用须上下升降，竖井不可能在各层分别形成防火分区，所以要求电梯井道采用具有2.00h耐火极限的不燃烧物体做井壁，有助于防止火焰蔓延。只允许有层门、通风孔等功能性开孔，不应开设其他洞口，以使竖井和其他楼房的空间分隔开来。

**2. 电梯井的耐火能力**

为了保证消防电梯在任何火灾情况下都能坚持工作，电梯井井壁必须有足够的耐火能力，其耐火等级一般不应低于2.5h~3h。现浇钢筋混凝土结构耐火等级一般都在3h以上。

**3. 电梯井道不允许敷设与电梯无关的线路和管道**

严禁敷设可燃气体和甲、乙、丙类液体管道。如水管必须穿过井道，应在穿墙处设置套管，并将套管与水管的间隙用防火材料密封处理。

**4. 井道内架设的电梯随行动力电缆和控制回路的信号线**

要有防水措施，防止因泡水产生漏电事故而影响灭火。这些电缆电线要求必须是阻燃的，其绝缘护套为不燃材料，并且强度韧性好，由于这些电缆电线要随着电梯上下运行，应当经得起磨损、弯曲和烟气的考验。

**5. 保证电梯机房的供电负荷**

电梯机房的供电必须为二级负荷，消防电梯应有可靠的备用电源，确保在发生火灾时仍能保证消防用电。

**6. 配备灭火器、应急灯及应急电源。**

轿厢应配备灭火器，并安装应急灯，并有保证供电 30min 不间断的应急电源。

**7. 司梯人员认真操作**

司梯人员严格遵守操作规程，严禁携带、运送易燃易爆危险品。不得超载运行，避免线路因长期负荷过重，造成过热引起火灾。

**8. 防火门与安全电话设置**

电梯机房门设置一级防火门，并安装消防专线电话。

## 1.7.4 危险情况处理

一旦发生火灾，灭火时要先切断电源，一般不使用泡沫灭火器或水，以防触电事故发生。在实施灭火时，人体与带电体之间要保持必要的安全距离，机体、喷嘴至带电体最小距离不应小于 0.4m，并注意燃烧后的下落物体，以免砸伤。

有一类专用于消防救援的电梯叫消防电梯。消防电梯是在建筑物发生火灾时供消防人员进行灭火与救援使用且具有一定功能的电梯。高层建筑设计中，应根据建筑物的重要性、高度、建筑面积、使用性质等情况设置消防电梯。通常建筑高度超过 32m 且设有电梯的高层厂房和建筑高度超过 32m 的高层库房，每个防火分区内应设 1 台消防电梯；高度超过 24m 的一类建筑、10 层及 10 层以上的塔式住宅建筑、12 层及 12 层以上的单元式住宅和通廊式住宅建筑以及建筑高度超过 32m 的二类高层公共建筑等均应设置消防电梯。

消防电梯的正确使用如下：

1）消防队员到达首层的消防电梯前室（或合用前室）后，首先用随身携带的手斧或其他硬物将保护消防电梯按钮的玻璃片击碎，然后将消防电梯按钮置于接通位置。因生产厂家不同，按钮的外观也不相同，有的仅在按钮的一端涂有一个小红圆点，操作时将带有红圆点的一端压下即可；有的设有两个操作按钮，一个为黑色，上面标有英文"OFF"，另一个为红色，上面标有英文"ON"，操作时将标有"ON"的红色按钮压下即可进入消防状态。

2）电梯进入消防状态后，如果电梯在运行中，就会自动降到首层站，并自动将门打开，如果电梯原来已经停在首层，则自动打开。

3）消防队员进入消防电梯轿厢后，应用手紧按关门按钮直至电梯门关闭，待电梯起动后，方可松手，否则，在关门过程中如松开手，门则自动打开，电梯也不会起动。有些情况，仅紧按关门按钮还是不够的，应在紧按关门按钮的同时，用另一只手将希望到达的楼层按钮按下，直到电梯起动才能松手。

电梯发生火灾时应立即停止电梯运行，并采取如下措施：

1）如电梯井道、电梯轿厢发生火灾时应立即停止电梯运行，并疏导乘客从步行楼梯安

全撤离，切断电源，用干粉灭火器进行灭火扑救。

2）如相邻建筑物发生火灾时，也须立即停梯，以免因火灾停电造成电梯困人事故。

3）应详细记录电梯故障发生的时间、原因、救援经过和故障排除时间，填写《突发事件记录》存档备案。

4）如电梯井道、电梯轿厢发生火灾，必须要求电梯维保公司查明故障原因，设备必须修复观察正常后方可恢复电梯运行。

 思 考 题

1. 电梯主要包括哪些系统？各有什么功能？

2. 电梯常用的分类方法有哪几种？

3. 电梯按用途可分为哪些类型？各有什么特点？

4. 电梯按速度可分为哪些类型？各适用于什么场合？

5. 电梯按拖动方式可分为哪些类型？各有什么特点？

6. 电梯按控制方式可分为哪些类型？各有什么特点？

7. 电梯主要由哪些部分组成？

8. 电梯有哪些主要参数及基本规格？

9. 电梯为什么要设置对重？

10. 怎样增大电梯的曳引力？

11. 曳引电动机有哪些类型？各有什么特点？

12. 制动器有什么功能？其安装在什么位置？

# 第 2 章
# 自动扶梯和自动人行道

随着现代社会经济的高速发展，自动扶梯和自动人行道已在商场、机场、火车站和地铁站等人流密集场所得到了广泛应用。然而，因乘客缺乏正确的乘用知识与习惯，安全事故时有发生。本章将向读者介绍自动扶梯和自动人行道的基本知识、乘客乘用方法和紧急情况下应对措施等方面的知识。

### 1. 什么是自动扶梯和自动人行道

自动扶梯是带有循环运行梯级，用于向上或向下倾斜输送乘客的固定电力驱动设备。自动人行道是带有循环运行（板式或带式）走道，用于水平或倾斜角不大于12°输送乘客的固定电力驱动设备。

自动扶梯的倾斜角度一般为30°或35°，具有楼梯式台阶。而自动人行道的倾斜角不大于12°，没有楼梯式台阶，也可以用于水平运输。这两种设备的工作原理和部件构成基本相同。

### 2. 自动扶梯与自动人行道的发展历史

1859 年，出现了自动扶梯的雏形——旋转式梯级扶梯，其安全性很差，只有经过培训的专业人员才能使用。

1900 年前后，出现了使用扶手带和台阶式梯级的扶梯，其进出口处的基坑上也加设了楼层板。至此，现代自动扶梯的各主要部件已基本具备。经过不断改进和提高，自动扶梯逐渐进入了实用阶段。随着电子工业的蓬勃发展，自动扶梯的智能化和电气安全性不断提高，最终出现了现在人们日常所见的自动扶梯。自动人行道是人们在完善自动扶梯功能的过程中出现的新梯种。

1959 年，上海电梯厂生产了我国第一批自动扶梯，用于北京新火车站。1976 年，上海电梯厂生产了我国第一批 100 米长的自动人行道，用于首都机场。

改革开放后，我国电梯行业蓬勃发展，目前自动扶梯和自动人行道的年产量已占到世界的70%以上，保有量也居世界前列。

根据人们更多的使用要求，现在不少厂商推出了带特殊功能的自动扶梯和自动人行道，例如可以曲线运行的螺旋形自动扶梯，可以输送轮椅的自动扶梯等。

## 2.1 自动扶梯和自动人行道的结构与基本参数

### 2.1.1 自动扶梯和自动人行道的构造

**1. 自动扶梯和自动人行道的主要零部件**

自动扶梯由桁架、驱动装置、张紧装置、导轨系统、梯级、梯级链、扶栏扶手带以及各种安全装置所组成，如图2-1所示。自动人行道也是一种运载人员的连续输送机械，它的结构与自动扶梯的不同之处在于：运动路面不是形成阶梯形式的梯路，而是平的路面。其他零部件与自动扶梯相似，此处主要讨论自动扶梯的各主要部件。

（1）桁架（如图2-2所示）

它是扶梯的基础构架，扶梯的所有零部件都装配在这一金属结构的桁架中。一般用角钢、型钢或方形与矩形管等焊制而成，有整体焊接桁架与

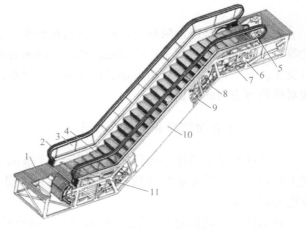

图2-1 自动扶梯结构图

1—楼层板 2—扶手带 3—护壁板 4—梯级 5—端部驱动装置
6—牵引链轮 7—牵引链条 8—扶手带压紧装置
9—扶手桁架 10—裙板 11—梳齿板

分体焊接桁架两种。自动扶梯的金属结构架具有安装和支撑各个部件、承受各种载荷以及连接两个不同层楼地面的作用。

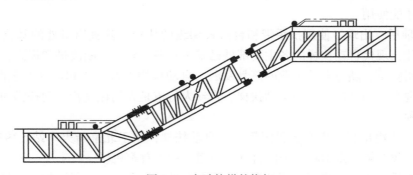

图2-2 自动扶梯的桁架

分体焊接桁架一般由三部分组成，即上平台、中部桁架与下平台。其中，上、下平台相对而言是标准的，只是由于额定速度的不同而涉及梯级水平段不同，影响到上平台与下平台的直线段长度。中部桁架长度将根据提升高度而变化。

为保证扶梯处于良好工作状态，桁架必须具有足够的刚度，其允许挠度一般为扶梯上、下支撑点间距离的1‰。必要时，扶梯桁架应设中间支撑，它不仅起支撑作用，而且可随桁架的胀和缩自行调节。

（2）驱动机（以链条式为例）

驱动机主要由电动机、蜗轮蜗杆减速器、链轮、制动器（抱闸）等组成。驱动机根据电动机的安装位置可分为立式与卧式，目前采用立式驱动机的扶梯居多。其优点为：结构紧凑，占地少，重量轻，便于维修；噪声低，振动小，尤其是整体式驱动机（如图2-3所示），其电动机转子轴与蜗杆共轴，因而平衡性很好，且可消除振动及降低噪音；承载能力大，小提升高度的扶梯可由一台驱动机驱动，中提升高度的扶梯可由两台驱动机驱动。

（3）驱动装置

驱动装置的作用是将动力传递给梯路系统及扶手系统。一般由电动机、减速箱、制动器、传动链条及驱动主轴等组成。驱动装置通常位于自动扶梯或自动人行道的端部（即端部驱动装置），也有位于自动扶梯（或自动人行道）中部的。端部驱动装置较为常用，可配用蜗轮蜗杆减速箱，也可配用斜齿轮减速箱以提高传动效率，端部驱动装置以牵引链条为牵引构件。中间驱动装置可节省端部驱动装置所占用的机房空间并简化端部的结构，中间驱动装置必须以牵引齿条为牵引构件，当提升高度很大时，为了降低牵引齿条的张力并减少能耗，可在扶梯内部配设多组中间驱动机组以实现多级驱动。

该装置装配在上平台（上部桁架）中，如图2-4所示。

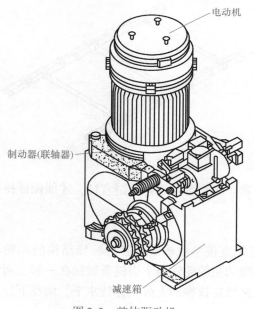

图2-3 整体驱动机

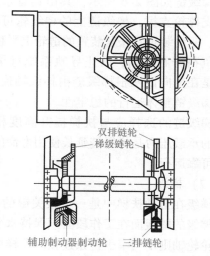

图2-4 驱动装置

（4）张紧装置

张紧装置的作用是：

1）使牵引链条获得必要的初张力，以保证自动扶梯（或自动人行道）正常运行。

2）补偿牵引链条在运转过程中的伸长。

3）实现牵引链条及梯级（或踏板）由一个分支过渡到另一分支的改向功能。

4）梯路导向所必需的部件（如转向壁等）均装在张紧装置上。

张紧装置可分为重锤式张紧装置和弹簧式张紧装置等。目前常见的是弹簧式张紧装置。张紧装置链轮轴的两端各装在滑块内，滑块可在固定的滑槽中水平滑动，并且张紧链轮同滑块一起移动,以调节牵引链条的张力。安全开关用来监控张紧装置的状态。

张紧装置由梯链轮、轴、张紧小车及张紧梯级链的弹簧等组成,如图2-5所示。张紧弹簧可由螺母调节张力,使梯级链在扶梯运行时处于良好的工作状态。当梯级链断裂或伸长时,张紧小车上的滚子精确导向产生位移,使其安全装置(梯级链断裂保护装置)起作用,扶梯立即停止运行。

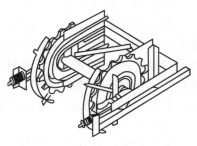

图2-5 张紧装置

(5) 导轨

目前,相当一部分扶梯采用冷拔角钢制作扶梯梯级运行和返回导轨。采用国外引进技术生产的扶梯梯级运行和返回导轨均为冷弯型材,具有重量轻、相对刚度大、制造精度高等特点,便于装配和调整。

由于采用了新型冷弯导轨及导轨架,降低了梯级的颠振运行、曲线运行和摇动运行,延长了梯级及滚轮的使用寿命。同时,减小了上平台(上部桁架)与下平台(下部桁架)导轨平滑的转折半径,又减少了梯级轮、梯级链轮对导轨的压力,降低了垂直加速度,也延长了导轨系统的寿命。

(6) 梯级链

梯级链如图2-6所示,其由具有永久性润滑的支撑轮支撑,梯级链上的梯级轮可在导轨系统、驱动装置及张紧装置的链轮上平稳运行;还使负荷分布均匀,防止导轨系统过早磨损,特别是在反向区两根梯级链由梯级轴连接,保证了梯级链整体运行的稳定性。

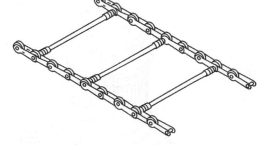

图2-6 梯级链

梯级链的选择应与扶梯提升高度相对应。链销的承载压力是梯级链延长使用寿命的重要因素,必须合理选择链销直径,才能保证扶梯安全可靠运行。

(7) 梯级

梯级在自动扶梯中是一个很关键的部件,它是直接承载输送乘客的特殊结构的四轮小车,梯级的踏板面在工作段必须保持水平。各梯级的主轮轮轴与牵引链条铰接在一起,而它的辅轮轮轴则不与牵引链条连接。这样可以保证梯级在扶梯的上分支保持水平,而在下分支可以进行翻转。

在一台自动扶梯中,梯级是数量最多的部件又是运动部件。因此,一台扶梯的性能与梯级的结构、质量有很大关系。梯级应能满足结构轻巧、工艺性能良好、装拆维修方便的要求。目前,有些厂家生产的梯级为整体压铸的铝合金铸造件,踏板面和踢板面铸有精细的肋纹,这样确保了两个相邻梯级的前后边缘啮合并具有防滑和前后梯级导向的作用。梯级上常配装塑料制成的侧面导向块,梯级靠主轮与辅轮沿导轨及围裙板移动,并通过侧面导向块进行导向,侧面导向块还保证了梯级与围裙板之间维持最小的间隙。

梯级有整体压铸梯级与装配式梯级两类。

1) 整体压铸梯级:整体压铸梯级如图2-7所示,它是铝合金压铸,脚踏板和起步板铸有筋条，起防滑作用和相邻梯级导向作用。这种梯级的特点是重量轻（约为装配式梯级重量的一半），外观质量高，便于制造、装配和维修。

2）装配式梯级：装配式梯级如图 2-8 所示，它由脚踏板、起步板、支架（以上为压铸件）、基础板（冲压件）、滚轮等组成，制造工艺复杂，装配后的梯级尺寸与形位公差的同一性差，重量大，不便于装配和维修。

图 2-7 整体压铸梯级

图 2-8 装配式梯级

上述两类梯级既可提供不带有安全标志线的梯级，也可提供带有安全标志线的有特殊要求的梯级。黄色安全标志线可用黄漆喷涂在梯级脚踏板周围，也可用黄色工程塑料（ABS）制成镶块镶嵌在梯级脚踏板周围。

（8）扶手驱动装置

扶手驱动装置是装在自动扶梯或自动人行道两侧的特种结构形式的带式输送机。扶手装置主要供站立在梯路中的乘客扶手之用，是重要的安全设备，在乘客出入自动扶梯（或自动人行道）的瞬间，扶手的作用显得更为重要。扶手驱动装置由扶手驱动系统、扶手带及栏板等组成，如图 2-9 所示。

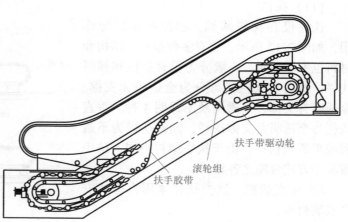

图 2-9 扶手驱动装置

扶手带由驱动装置通过扶手驱动链直接驱动，无须中间轴，扶手带驱动轮缘有耐油橡胶摩擦层，以其高摩擦力保证扶手带与梯级同步运行。

为使扶手带获得足够的摩擦力，在扶手带驱动轮下，另设有带轮组。扶手带的张紧度由带轮中一个带弹簧与螺杆进行调整，以确保扶手带正常工作。

（9）扶手带

扶手带如图 2-10 所示，它由多种材料组成，主要包括天然（或合成）橡胶、棉织物（帘子布）与钢丝或钢带等。扶手带的标准颜色为黑色，也可根据客户要求，按照扶手带色卡提供多种颜色的扶手带（多为合成橡胶）。扶手带的物理性能、外观质量、包装运输等，必须严格遵循有关技术要求和规范。

（10）梳齿、梳齿板、楼层板

1）梳齿：如图 2-11 所示，在扶梯出入口处应装设梳齿与梳齿板，以方便乘客上下过渡。梳齿上的齿槽应与梯级上的齿槽啮合，即使乘客的鞋或物品在梯级上相对静止，也会平滑地过渡到楼层板上。一旦有物品阻碍了梯级的运行，梳齿被抬起或位移，可使扶梯停止运行。梳齿可采用铝合金压铸件，也可采用工程塑料注塑件。

2）梳齿板：梳齿板用以固定梳齿。它可用铝合金型材制作，也可用较厚碳钢板制作。

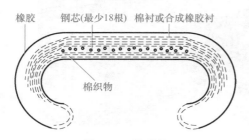

图 2-10　扶手带

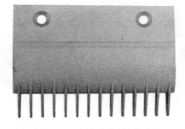

图 2-11　梳齿与梳齿板

3）楼层板（着陆板）：楼层板既是扶梯乘客的出入口，也是上平台、下平台维修间（机房）的盖板，一般为薄钢板制作，背面焊有加强筋。楼层板表面应铺设耐磨、防滑材料，如铝合金型材、花纹不锈钢板或橡胶地板。

（11）扶栏

扶栏设在梯级两侧，起保护和装饰作用，如图 2-12 所示。它有多种型式，结构和材料也不尽相同，一般分为垂直扶栏和倾斜扶栏。这两类扶栏又可分为全透明无支撑、全透明有支撑、半透明及不透明 4 种。垂直扶栏为全透明无支撑扶栏，倾斜扶栏为不透明或半透明扶栏。由于扶栏结构不同，扶手带驱动方式也随之各异。

1）垂直扶栏：这类扶栏采用自撑式安全玻璃衬板。

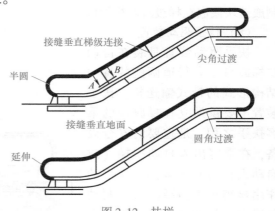

图 2-12　扶栏

2）倾斜扶栏：这种扶栏采用不锈钢衬板。该衬板与梯级呈倾斜布置。倾斜扶栏一般用于较大提升高度的扶梯，原因是扶栏重量较大，不能以玻璃作为支撑物，另在扶手带转折处还要增加转向轮。

（12）润滑系统

所有梯级链与梯级的滚轮均为永久性润滑。主驱动链、扶手驱动链及梯级链则由自动控制润滑系统分别进行润滑。该润滑系统为自动定时、定点直接将润滑油喷到链销上，使之得到良好的润滑。润滑系统中泵或电磁阀的起动时间、给油时间均由控制柜中的延时继电器控制（PC 控制则由 PC 内部时间继电器控制）。

（13）安全装置

自动扶梯及自动人行道的安全性非常重要，国家标准对其所需的安全装置有明确的规定。安全装置的主要作用是保护乘客，以避免发生潜在的各种危险（包括乘客疏忽大意造成的危险和由于机械电气故障而造成的危险等）；其次，安全装置对自动扶梯及自动人行道设备本身具有保护作用，能把事故对设备的破坏性降到最低；另外，安全装置也使事故对建筑物的破坏程度降到最小。下面介绍一些常见的安全装置。

1）工作制动器和紧急制动器。工作制动器是正常停车时使用的制动器，紧急制动器则是在紧急情况下起作用的。

2）牵引链条张紧和断裂监控装置。自动扶梯或自动人行道的底部设有一牵引链张紧和断裂保护装置。它由张紧架、张紧弹簧及监控触点组成。一般地，当出现下列情况时张紧触点会迫使自动扶梯或自动人行道停运：

① 梯级或踏板卡住。

② 牵引链条阻塞。

③ 牵引链条的伸长超过了允许值。

④ 牵引链条断裂。

3）梳齿板保护装置。为了防止梯级（或踏板）与梯路出入口的固定端之间嵌入异物而造成事故，在固定端设计了梳齿板保护装置。

4）围裙板保护装置。自动扶梯在正常工作时，围裙板与梯级间应保持一定间隙。为了防止异物夹入梯级和围裙板之间的间隙，在自动扶梯上部或下部的围裙板反面都装有安全开关。一旦围裙板被夹变形，它会触动安全开关，自动扶梯即断电停运。

5）扶手带入口安全保护装置。在扶手带端部下方入口处，常常发生异物夹住的事故，孩子不注意时也容易把手夹住。因此需设计扶手带入口安全保护装置。

6）速度监控装置。自动扶梯或自动人行道超过额定速度或低于额定速度运行都是很危险的，因此需配备速度监控装置，以便在超速或欠速的情况下实现停车。速度监控装置可装在梯路内部，用以监测梯级运行速度。

另外，安全装置还包括梯级间隙照明、梯级塌陷保护装置、静电刷、电动机保护、相位保护及急停按钮等。

（14）电气设备

自动扶梯或自动人行道的电气设备包括主电源箱、驱动电动机、电磁制动器、控制屏、操纵开关、照明电路、故障及状态指示器、安全开关、传感器、远程监控装置及报警装置等部分。

1）主电源箱。主电源箱通常装在自动扶梯或自动人行道驱动端的机房中，箱体中包含了主开关和主要的自动断电装置。

关于电源开关，应遵循下列规范：在驱动机房、改向装置机房或控制屏附近，要装设一只能切断电动机、制动器的释放器及控制电路电源的主开关。但该开关不应切断电源插座以及维护检修所必需的照明电路的电源。当暖气设备、扶手照明和梳齿板等照明是分开单独供电时，则应设单独切断其电源开关。各相应的开关应位于主开关旁，并有明显标志。主开关的操作机构在活门打开之后，要能迅速而方便地接近。操作机构应具有稳定的断开和闭合位置，并能保持在断开位置。主开关应具有切断自动扶梯及自动人行道在正常使用情况下最大电流的能力。如果几台自动扶梯与自动人行道的各主开关设置在一个机房内，各台的主开关应易于识别。

2）驱动电动机。驱动电动机可选用起动电流较小的三相交流笼型异步电动机，并安在驱动端的机房中。驱动电动机的功率大小与自动扶梯或自动人行道的提升高度、梯路宽度及倾斜角度等参数有关。

关于电动机的保护问题应注意：直接与电源连接的电动机要有保护，并要采用手动复位的自动开关进行过载保护，该开关应切断电动机的所有供电。当过载控制取决于电动机绕组温升时，则开关装置可在绕组充分冷却后自动闭合，但只有在符合对自动扶梯及自动人行道有关规定的情况下才能再行起动。

3）电磁制动器。工作制动器和紧急制动器均可选用电磁制动器。当内部的电磁线圈通电时，衔铁吸合，并带动相应部件动作。

4）控制屏。控制屏一般位于驱动端或张紧端的机房内。控制屏中有主接触器、控制接触器、控制及信号继电器、控制电路电源变压器、印刷电路板、单相电源插座、检修操纵盒插座等元件。控制屏的外壳应可靠接地。

5）操作开关。操纵开关是对自动扶梯或自动人行道发出运行指令的装置，包括钥匙开关、急停按钮及检修操纵盒等。

6）照明电路。照明电路可分为机房照明、扶手照明、围裙板照明、梳齿板照明及梯级间隙照明等。

其他电气设备结合相关部件的位置发挥相应功能。

2. 自动扶梯和自动人行道的应用

自动扶梯是以电力驱动的，在一定方向上能够大量、连续运送乘客的开放式运输机械。具有结构紧凑、安全可靠、安装维修简单方便等特点。因此，在客流量大而集中的场所，如车站、码头、商场等处，得以广泛应用。自动人行道主要用于水平输送，也能进行一定角度（$\alpha \leqslant 12°$）的倾斜输送，同样适用于人流集中的公共场所。

3. 自动扶梯和自动人行道的分类

自动扶梯的分类方法很多，可从不同角度来分。

1）按驱动方式分类：有链条式（端部驱动）和齿轮齿条式（中间驱动）两类。

2）按使用条件分：有普通型（每周运行时间少于140h）和公共交通型（每周运行时间大于140h）。

3）按提升高度分：有最大至8m的小提升高度、最大至25m的中提升高度以及最大可达65m的大提升高度3类。

4）按运行速度分：有恒速和可调速两种。

5）按梯级运行轨迹分：有直线型（传统型）、螺旋型、跑道型和回转螺旋型4类。

自动人行道按结构形式可分为踏步式自动人行道（类似板式输送机）、带式自动人行道（类似带式输送机）和双线式自动人行道。

### 2.1.2　自动扶梯和自动人行道的基本参数

自动扶梯和自动人行道的基本参数有：提升高度 $H$、输送能力 $Q$、运行速度 $v$、梯级（踏板或胶带）宽度 $B$ 及倾斜角 $\alpha$ 等。

### 1. 提升高度 H

提升高度是建筑物上、下层楼之间或地下铁道地面与地下站厅间的高度。我国目前生产的自动扶梯系列为：商用型 $H \leqslant 7.5\text{m}$，公共交通型 $H \leqslant 50\text{m}$。

### 2. 输送能力 Q

输送能力是指每小时运载人员的数目。当自动扶梯或自动人行道各梯级（踏板或胶带）被人员站满时，理论上的最大小时输送能力按下式计算：

$$Q = 3600nv/t_{级}$$

式中　$t_{级}$——一个梯级的平均深度或与此深度相等的踏板（胶带）的可见长度（m）；

　　　$n$——每一梯级或每段可见长度为 $t_{级}$ 的踏板（胶带）上站立的人员数目；

　　　$v$——梯级（踏板或胶带）的运行速度（m/s）。

这样计算出的便是理论输送能力。但是，实际值应该考虑到乘客登上自动扶梯或自动人行道的速度，也就是梯级运行速度对自动扶梯或自动人行道满载的影响。因此，应该用一系数来考虑满载情况，这一系数称为满载系数 $\varphi$。

### 3. 运行速度 v

自动扶梯或自动人行道运行速度的大小，直接影响到乘客在自动扶梯或自动人行道上停留的时间。如果速度太快，影响乘客顺利登梯，满载系数反而降低。反之，速度太慢时，不必要地增加了乘客在梯路上的停留时间。因此，正确地选用运行速度显得十分重要。

国际标准规定：自动扶梯倾斜角 $\alpha$ 不大于 $30°$ 时，其运行速度不应超过 $0.75\text{m/s}$；自动扶梯倾斜角 $\alpha$ 大于 $30°$，但不大于 $35°$ 时，其运行速度不应超过 $0.50\text{m/s}$。自动人行道的运行速度不应超过 $0.75\text{m/s}$，如果踏板或胶带的宽度不超过 $1.1\text{m}$，自动人行道的运行速度最大允许达到 $0.90\text{m/s}$。

### 4. 梯级（踏板或胶带）宽度 B

目前我国所采用的梯级宽度 $B$：小提升高度时，单人电梯为 $0.6\text{m}$，双人电梯为 $1.0\text{m}$；中、大提升高度时，双人电梯为 $1.0\text{m}$。另外还有 $0.8\text{m}$ 的规格。

梯级（踏板或胶带）宽度一般有 $0.8\text{m}$ 和 $1.0\text{m}$ 两种规格。

### 5. 倾斜角 α

倾斜角 $\alpha$ 是指梯级（踏板或胶带）运行方向与水平面构成的最大角度。自动扶梯的倾斜角一般采用 $30°$，采用此角度主要是考虑到自动扶梯的安全性，便于结构尺寸的处理和加工。但有时为了适应建筑物的特殊需要，减少扶梯所占的空间，也可采用 $35°$。

建筑物内普通扶梯的梯级尺寸比例为 $16:31$，为了在这种扶梯旁边同时并列地安装自动扶梯，自动扶梯也可采用 $27.3°$ 的倾角。

国际标准规定：自动扶梯的倾斜角 $\alpha$ 不应超过 $30°$，当提升高度不超过 $6\text{m}$，额定速度不超过 $0.50\text{m/s}$ 时，倾斜角 $\alpha$ 允许增至 $35°$。自动人行道的倾斜角不应超过 $12°$。

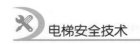 

## 2.2 自动扶梯和自动人行道的控制系统与设计

### 2.2.1 自动扶梯和自动人行道的控制系统

**1. 新型一体化变频控制系统**

近年来，随着新技术的应用，出现了许多自动扶梯一体化变频控制系统。如日立HX系列自动扶梯即采用一体化变频控制系统，该系列自动扶梯采用32位微机处理器进行控制，体积更小、集成度更高、运行速度更快、功能更强大，出色的数字化处理能力及运算效率最大限度地提升自动扶梯或自动人行道的节能效果，同时减少了控制柜体积，有效减少了自动扶梯或自动人行道上桁架投影长度。

该系列自动扶梯在国内率先推出了标配的一体化变频的概念，上行采用矢量负载调整技术（VLR），下行采用锁相环路切换技术（PLL），实现全程的有效节能。

上行时，VLR技术通过矢量负载检测乘客流量，根据乘客流量调节运行速度，并优化功率输出曲线，全面提升扶梯的节能效果。

下行时，投入能量再生技术，当扶梯带负载下行时，且负载达到一定程度后，系统将势能转化为电能，同时以PLL切换技术使再生能量安全返回电网高效利用，实现节能10%～40%。

PLL切换技术可跟踪电网相位和变频器相位，在两者一致时完成能量反馈切换动作，消除传统切换产生的电网冲击。

一般的全变频控制系统（自动扶梯或自动人行道完全由变频器供电），自动扶梯或自动人行道的再生能量完全消耗在制动电阻上。

一般的旁路变频控制系统（低速时变频器供电，高速时电网供电）虽然能将再生能量反馈回电网，但切换的时候没有采取频率跟踪措施，切换时的冲击比较大，影响舒适感，同时也带来较大的切换冲击电流。

而采用了PLL切换技术的一体化变频系统，采用旁路技术将再生能源反馈回电网，供其他设备使用，最大限度地利用能源。与此同时，PLL技术将切换冲击减少到最小，完全不影响乘坐舒适感。传统变频控制系统和一体化变频控制系统的能量消耗统计表见表2-1。

表2-1　能量消耗统计表

| 控制系统 | 上行能量消耗 | 下行能量消耗 |
| --- | --- | --- |
| 传统变频控制系统 | 90% | 90% |
| 一体化变频控制系统 | 75% | 60% |

**2. 节能高效的驱动系统**

采用节能高效的驱动系统的自动扶梯可节省至少25%的耗电量，这是因为它采用了高精度的新型低噪音平行轴斜齿轮减速器，斜齿轮传动具有重合度大、瞬时接触线长等优点，可减少大量的机械耗能，比传统的蜗轮蜗杆传动效率提高了15%。目前国内自动扶梯采用的多是蜗轮蜗杆减速器，效率低、能耗大。就相同规格的自动扶梯而言，如 EX 系列自动扶梯采用的电动机功率为 7.5kW（或 5.5kW），而其他自动扶梯的电动机功率需要 11kW（7.5kW）。由于自动扶梯经常需要连续运转，所以 EX 系列自动扶梯可以节省大量能源，社会效益十分明显。

### 3. 直线型扶手驱动系统

采用直线型扶手驱动系统的自动扶梯及自动人行道可最大限度地减少扶手带的运行摩擦阻力，与采用大型驱动轮转动方式相比，弯曲点数减少了，可有效地减少对扶手带的损伤，延长扶手带的使用寿命，并且运行阻力大幅度减少，达到节能减耗的目的。

## 2.2.2　自动扶梯和自动人行道的设计

### 1. 全不锈钢的设计

自动扶梯及自动人行道引入了全不锈钢的设计，梯级踏板、梯级踢板、裙板、楼层板、扶手框架等部件采用了全不锈钢板制作，强度大、寿命长、安全，使扶梯更加坚固、美观、可靠、耐用。

### 2. 不锈钢梯级

自动扶梯及自动人行道采用了不锈钢梯级，其防滑条比压铸铝梯级有更高强度，不易弯折、破裂破损，而且不易藏污。梯级两侧有 8mm 的安全边界，可防止乘客鞋子与裙板接触。四边的荧光黄色边界线，使乘客可避免站在梯级边缘，造成因失稳而引起的事故。不锈钢梯级采用错齿结构，可有效防止异物掉入前后梯级的间隙，进一步提高了扶梯使用寿命与安全性。梯级后端安全边界处追加的凸台，增加了摩擦阻力，提升了乘梯安全系数。据测试，踏板上齿槽横向受力 400kgf（注：1kgf = 9.8N）、垂直方向受力 200kgf 时，不会破裂，一般铸铝踏板分别受 300kgf 的横向力和 200kgf 的垂直力即行破裂，其耐压强度为铝的 3 倍。

### 3. 一体化角钢桁架

自动扶梯及自动人行道桁架采用角钢型材，桁架的设计采用了先进的仿真模拟系统进行分析，提高了设计结构的可靠性。所采用的材料内外表面经高压喷丸除锈，喷涂环氧富锌底漆及聚氨酯面漆防护。桁架结构具有强度大，挠度变形小，并充分考虑长期使用过程中的防湿气、腐蚀性气体侵害的特点。较之采用普通空心管材的桁架，由于空心管材内腔无法防腐，采用角钢型材的桁架结构其环境适应性更强，整体寿命更长。

另外，自动扶梯及自动人行道采用新型的整体式桁架，取消了桁架中间的驳接，大幅减少了桁架焊接引起的变形，并可以有效保证桁架的制造精度，大大提高了各部件的安装精度，增加了整梯的刚性。

### 4. 一体化导轨及栏杆

该扶梯导轨采用模具滚压成型，同时采用整体导轨支架结构，现场安装无须重新调整。高精度的导轨与导轨支架紧密结合，通过专用工装准确定位，确保梯级运行平稳，大大提高了乘坐舒适感，降低了扶梯运行的噪声。

扶梯栏杆一体化即裙板梁的一体化及栏杆装配的一体化。栏杆于电梯专业环境中完成装配或预装，使扶手带运行更加平稳。同时简化整梯的现场安装程序，提高安装效率。

5. 安全装置

为确保乘客安全，自动扶梯及自动人行道设有下列安全装置，其作用见表2-2。

表2-2　自动扶梯及自动人行道的安装装置与作用

| 序号 | 安全装置 | 作　用 |
|---|---|---|
| 1 | 电动机保护 | 电动机装有防止过载安全装置，一旦安全装置动作，立即切断电动机供电 |
| 2 | 工作制动器 | 采用机-电式制动器（电磁制动器），供电的中断由独立的电气装置实现 |
| 3 | 限速保护装置 | 在扶梯速度超过额定速度1.2倍之前，使工作制动器动作 |
| 4 | 电路保护 | 扶梯主断路器采用微型断路器，当扶梯出现短路时，立即切断主电源，使扶梯停止运行 |
| 5 | 错相、欠相或反相过电流保护 | 当供电电源错相、欠相或反相时，保护装置能自动检测并切断电路使扶梯停止运行，只有当开关手动复位后，扶梯方可起动，否则不能运行 |
| 6 | 急停按钮 | 在自动扶梯上、下入口处设有紧急停止装置，遇到突发事件可以使用紧急停止装置 |
| 7 | 梳齿板安全开关 | 梳齿板处设有安全开关，当硬物卡入梳齿板时，安全开关动作，确保扶梯停止运行 |
| 8 | 裙板保护开关 | 裙板内设有安全开关，在鞋类或其他物品被夹入梯级与裙板之间的空隙时，确保扶梯停止运行 |
| 9 | 梯级链安全开关 | 梯级链设有两个安全开关，当梯级链过度伸长、不正常收紧、破断时，保护装置使扶梯停止 |
| 10 | 驱动链断链安全开关 | 驱动链设有一个安全开关，在扶梯运行过程中，驱动链拉伸过长或断开时，驱动链断链安全开关动作，使扶梯停止运行，与此同时驱动链轮自锁装置自动动作 |
| 11 | 非操作逆转安全装置 | 具有电子式＋机械式的双重逆转保护功能：扶梯采用电子传感器进行测速，当检测到扶梯速度过低，有可能发生逆转时，使扶梯停止运行当扶梯发生逆转情况时，机械式的安全保护开关在扶梯逆转时马上进行保护，使扶梯停止运行 |
| 12 | 扶手带入口安全装置 | 在扶梯两端扶手带入口处设有防异物保护装置，该装置设有自动复位式开关触点，当异物卡在保护装置上时，开关动作，使扶梯停止 |
| 13 | 梯级运行安全装置 | 在扶梯上下转弯部装设梯级运行安全微动开关，当检测到梯级滚轮运行轨迹异常时，扶梯停机 |
| 14 | 梯级下陷保护 | 梯级塌陷时，使下部的微动安全开关动作，引发停机 |
| 15 | 扶手带断带安全开关（选配） | 当扶手带出现意外破断时，微动开关动作，切断控制回路，使扶梯停止运行 |
| 16 | 附加急停按钮 | 当扶梯提升高度超过12m时，在扶梯中部配置附加急停按钮。当出现异常时可按下，令扶梯停止 |
| 17 | 附加制动器 | 当扶梯提升高度超过6m时，扶梯配置附加制动器。当速度超过额定速度1.4倍之前，或梯级改变其运行方向时，或驱动链断链时，装置动作令扶梯停止 |

## 2.3　自动扶梯和自动人行道的检验与维修

### 2.3.1　自动扶梯和自动人行道的检验项目与要求

**1. 自动扶梯和自动人行道的检验项目**

自动扶梯和自动人行道在第一次使用前（安装、大修或间歇一段时间后），经甲乙双方自检和质检后，必须报请质检部门进行安全技术检验，随同以下资料文件一并上报。

1）制造厂提供的资料和文件：包括安装布置图，电气原理图及其符号说明，安装、调试说明书，使用、维护说明书。

2）安装单位提供的文件：包括安装验收报告。

3）使用单位提供的文件：包括同意制造厂变更设计的证明文件。

新安装的自动扶梯和自动人行道的检查、验收和试验的主要内容包括：外观检查和验收，功能检查和验收，安全装置效能操作试验，空载条件下的制动试验，导体之间和导体对地之间不同电路的绝缘电阻试验。

**2. 新安装和在用自动扶梯的具体检验项目要求**

（1）上平台、下平台机房

1）机房内应保持清洁。

2）机房内应设有可切断动力电源的主开关。

3）机房内应设检修用手提灯电源插座。

4）控制柜（屏）安装在机房内，其前应有宽度不小于 0.5m、纵深为 0.6m 的空间。

（2）驱动系统

1）驱动链及扶手驱动链应保证合理的张紧度，其松弛下垂量为 10～15mm。

2）工作制动器在扶梯运行时，制动闸瓦与制动轮间隙应均匀，间隙不大于 3mm。

3）梯级链、驱动链与扶手驱动链应保证润滑良好。

4）链轮、链条及制动器工作表面应保持清洁。

（3）梯级、梳齿与裙板

1）梯级间的间隙。在使用区域内的任何位置，测量两个连贯梯级的脚踏面，其间隙不应超过 6mm。

2）梯级与裙板间的间隙。扶梯的裙板设在梯级的两侧，任一侧的水平间隙不大于 4mm 或两侧间隙之和不大于 7mm。

3）梳齿与梯级齿槽的啮合。梳齿与梯级脚踏板齿槽的啮合深度应不小于 6mm。

4）梯级导向及梯级水平段。梯级在进入梳齿前，应有导向，梯级在水平运动段内，连贯梯级之间高度误差应不大于 4mm，梯级水平段至少为 0.8m。

（4）扶手带

1）扶手带超出梳齿的延伸段，在扶梯出入口，延伸段的水平长度自梳齿齿根起至少为 0.3m。

2）扶手带开口侧端缘与扶手导轨或扶手支架间的间距，在任何情况下不应大于 8mm。

3）扶手带中心线距离所超出裙板之间距离应不大于 0.45m。

4）扶手带在扶手转向处的入口与楼层板的间距应不小于 0.1m，不大于 0.25m。扶手带在扶手转向处端部至扶手带入口处之间的水平距离，应不小于 0.3m。扶手带的导向与张紧，应能使其在正常运行时不会脱离扶手导轨。扶手带距梯级脚踏面的垂直距离应不小于 0.9m，不大于 1.1m。

（5）扶栏与裙板

1）朝向梯级一侧的扶栏应是光滑的。压条或镶条的装设方向与运行方向不一致时，其突出部分不应大于 3mm，且应坚固并具有圆角或倒角边缘。此类压条或镶条不应装设在裙板上。

2）裙板应垂直，上缘或内盖板折线处与梯级脚踏面之间垂直距离应不小于 25mm。

3）裙板应十分坚固、平整、光滑，相邻裙板应为对接，对接间隙应不大于 1mm。

4）内盖板和垂直栏板应具有与水平面不小于 25°的倾角。

5）内外盖板的对接处应平齐与光滑，颜色一致。

6）部件安全装置：

① 应检查的安全装置包括：起动开关，急停按钮，驱动链断裂保护装置，梯级链断裂保护装置，超速限速器，防逆转保护装置，裙板保护装置，扶手带断裂保护装置，扶手带入口保护装置，梳齿板保护装置，扶手带驱动链断裂保护装置，梯级断裂保护装置，断相错相保护装置。

② 各种安全保护开关应可靠固定，但不得使用焊接连接。安装后，不得因扶梯的正常运行的振动而使开关产生位移、损坏或误动作。

（6）扶梯使用环境

1）扶梯的出入口处应有足够容纳乘客的区域，宽度应与扶手带中心线之间的距离相等，深度应从扶手带转折处算起至少为 2.5m。如容纳乘客区域宽度增至扶手带中心线之间距离的 2 倍，该区域深度允许减至 2.0m。连贯而无中间出口的扶梯，应具有相同的理论输送能力。

2）扶梯在出入口区应有一块安全立足的地面，该地面从梳齿根部算起纵深至少为 0.85m。

3）扶梯的梯级上空，垂直净高度应不小于 2.3m（经有关部门批准的例外）。

4）如建筑物的障碍物会引起伤害，则必须采取恰当的预防措施，特别是在楼板交叉处和各扶梯交叉处，应在扶梯的扶栏上方设置一块无任何锐利边缘的垂直护板，其高度应不小于 0.30m，且为无孔三角形。如扶手带中心线与任何障碍物之间的距离不小于 0.5m，则不须遵照上述要求。

5）扶梯与楼层地板开口部分之间应设防护栏杆和防护栏座。另外，面对扶梯出入口的部分，应设置防儿童钻爬结构的护板。开口与扶梯之间距离在 200mm 以上的，应设置防物品下落的防护网，护、网的支架应采用钢材制作，网孔直径应小于 50mm。

6）扶梯及其周围，特别是梳齿附近，应有足够的、适当的照明。允许将照明装置设在扶梯本身或其周围。在扶梯出入口，包括梳齿处的照明，应与该区域所要求照度一致。室内使用的扶梯，出入口处的照度不应低于50lx，室外使用的扶梯，出入口处的照度不应低于151x。如果国家没有其他规定，则应满足上述要求。

（7）运行情况及检验

1）扶梯的运行：所有梯级应顺利通过梳齿，所有梯级与裙板不得发生摩擦，连贯两梯级的脚踏板与起步板之间的啮合过程中无摩擦现象。

2）整机性能：梯级上下垂直加速度不应大于 $0.5 \mathrm{m/s^2}$；梯级上下行水平加速度不应大于 $0.5 \mathrm{m/s^2}$；在额定功率和额定电压下，梯级沿运行方向空载时所测得的速度与额定速度间的最大允许偏差为 ±5%。在扶梯出入口处楼层板以及梯级脚踏面上方1m处测量扶梯上下行噪声应不大于60dB（A）。

3）功能试验：对于扶梯，应根据制造厂提供的主要功能表，对其主要功能进行检验。

4）安全装置动作试验：扶梯的各种安全保护装置应动作灵敏，可靠。

5）制动试验：在空载与有载工况下向下运行，扶梯的制动距离应符合表2-3的规定。

若速度在上述额定速度值之间，制动距离用插入法计算。制动距离的测量应在电气制动装置动作时进行。

（8）运行考核

在空载情况下，扶梯连续运行2h不得有任何故障。

表2-3 制动距离

| 额定速度/m·s⁻¹ | 制动距离/m |
| --- | --- |
| 0.50 | 0.20 ~ 1.00 |
| 0.65 | 0.30 ~ 1.30 |
| 0.75 | 0.35 ~ 1.50 |

**3. 自动扶梯和自动人行道检验的特殊要求**

1）制造扶梯应尽量推荐采用不易燃的材料。必要时，可加设消防喷淋装置。

2）若扶梯必须在特殊条件下使用（如在露天或暴露在大气中），其设计标准、元器件及材料选用，必须满足特殊条件。

**4. 自动扶梯和自动人行道的整机安全装置检验**

安全装置的检验包括以下内容：

1）供电电源错相断相保护装置：将总电源输入线断去一相或交换相序，扶梯应不能工作。

2）急停按钮：扶梯空载运行，人为动作入口或出口处的急停按钮，扶梯应立即停止运行。

3）扶手带入口保护装置：用手指（或大小相近的物品）插入扶手带入口处，打板连接保护装置应动作，切断安全回路，扶梯应停止运行。

4）扶手带断裂保护装置：扶梯空载运行时，人为动作扶手带断裂保护装置，扶梯应停止运行。

5）防逆转保护装置：扶梯空载运行时，人为使防逆转保护装置动作，扶梯应立即停止运行，且制动器可靠地制动。

6）超速保护装置：扶梯空载运行时，人为运作超速保护装置，扶梯应立即停止运行。

7）裙板保护装置：扶梯空载运行时，在扶梯出入口处的裙板上施加一力，裙板保护装置应立即切断安全回路，扶梯立即停止运行。

8）梳齿板保护装置：扶梯空载运行时，使用一专用工具卡入梳齿板，使其产生的位移超出与梯级的正常啮合范围，在梳齿不断裂的情况下，梳齿板保护装置应动作，扶梯停止运行。

9）驱动链断裂保护装置：扶梯空载运行时，人为动作驱动链断裂保护装置，安全回路被切断，制动器立即动作，扶梯停止运行。

10）梯级链断裂保护装置：扶梯空载运行时，人为动作梯级链断裂保护装置，切断安全回路，扶梯制动器立即制动，扶梯停止运行。

5. 整机性能试验

（1）运行速度测试

1）测试要求：扶梯空载运行，上下运行各测 3 次。

2）测试方法：测量扶梯运行一段距离所需的时间。

（2）扶手带与梯级运行速度差的测试

按上述要求和方法，分别测出扶手带和梯级上行与下行的运行速度。

（3）制动距离测试

1）测试要求：空载下行或有载下行，测试 3 次。

2）测量方法：扶梯梯级从电气制动装置动作时起至完全停止所运行的距离。将测量结果取平均值。

（4）运行振动加速度测试

1）检验仪器：运行振动加速度测试，推荐采用频率响应范围不低于 100Hz 的应变式或其他传感器。相应仪表和记录仪器的精度和频率范围应与传感器相匹配。要求记录运行振动加速度信号的频率范围上限为 100Hz。为此，在测试系统中应采取相应措施，如在测试系统中加低通滤波器或相应仪表带滤波系统。

2）检验方法：在测试梯级运行的垂直振动加速度时，传感器应安放在梯级脚踏面的正中，并紧贴脚踏，传感器的测试方向与脚踏面垂直。

测试梯级运行水平振动加速度时，传感器安放位置不变，但应分别平行于运行方向和垂直于其运行方向。测试在扶梯空载下进行（含测试仪器和测试人员 2 名），上行与下行各测 1 次。

（5）扶梯部件检验

1）驱动装置检验。

① 制动器释放间隙检查：用塞尺测量制动器的闸瓦（制动带）与制动轮全长上的最大间隙与最小间隙。

② 驱动装置跑合运行检验：空载跑合，接通电源，使驱动装置上行、下行各连续运行60min。加载跑合，50% 载荷上行下行各连续运行 30min；额定载荷时，上行、下行各连续运行 60min。

跑合试验内容：驱动装置运转的平稳性和有无异常响声，各连接件、紧固件有无松动，跑合试验停机 1h 后，检查密封处、接合处的渗漏情况。

③ 温升试验：驱动装置在额定载荷下进行试验，油温冷却条件应与实际使用条件相同。

试验时，测量减速箱内润滑油温升和驱动电动机定子温升。测量位置应在减速箱壁内侧，温度计测头应浸入润滑油中。每 5min 记录一次润滑油温度，油温稳定后试验时间不少于 30min。温升试验可和驱动装置跑合试验同时进行。

④ 运行噪声试验：在驱动装置前后左右最外侧 1m 处，高度为 0.5m 及驱动装置 1/2 高度处，取 4 个测点；在驱动装置正上方高 1m 处，取 1 个测点。测此 5 处驱动装置空载运行的噪音值，上行、下行各测 1 次。

2）梯级抗弯试验。

① 静态试验：该试验应对完整的梯级，包括滚轮通轴或短轴（如果有的话），在水平位置（水平支撑）及梯级可适用的最大倾斜角度（倾斜支撑）情况下进行。试验方法，是在梯级脚踏面中央部位，通过一块钢制垫板，垂直施加一个 3000N 的力（包括垫板重量）。垫板面积为 200mm×300mm，厚度至少为 25mm，并使其 200mm 的一边与梯级前缘平行。试验中测量梯级脚踏面的挠度。试验结束后，检查扶栏应无永久变形。

② 动态试验：应在可适用的最大倾斜角度（倾斜支撑）情况下，与滚轮（不转动）通轴或短轴（如果有的话）一起进行试验。

试验中如有滚轮损坏，允许更换。试验采用与静态试验同样的垫板。试验以 5～20Hz 的频率，施加 500～3000N 的脉动载荷，进行不低于 $5×10^6$ 次循环。借此获得一个无干扰的谐振力波荷应垂直施加于垫板上面。试验结束后，检查梯级是否断裂，以及有无永久变形（不得大于 4mm）。

3）扶手带断裂强度试验。在试验室试验台架上，把扶手带试件两端固定，然后均匀缓慢加载，使其受拉直至断裂，记录断裂之前的最大承受力。

4）扶栏装置的强度和刚度试验。试验时，扶栏装置的安装、固定要与其实际工作状态相符。

① 扶手带表面受力试验：在 0.5m 长的扶手带表面，垂直施加一个 900N 的均布力，检查受力后扶栏装置的变形、位移或断裂情况。

② 扶栏受力试验：将 500N 的力垂直作用于栏板的任一部位，此力均匀分布在 $25cm^2$ 的面积上，检查其凹陷变形量（不得大于 4mm）。试验载荷消除后，检查扶栏应无永久变形。

③ 裙板受力试验：将 1500N 的力垂直作用于裙板最不利的部位，此力均匀分布在 $25cm^2$ 的面积上。受力时，检查其凹陷变形量。试验载荷消除后，检查扶栏应无永久变形。

5）电气装置试验。

① 绝缘试验：用 500V 兆欧表检查控制柜（屏）内各导体之间及导体对地之间的绝缘电阻，动力电路、安全装置电路及其他电路应分别检查。试验时，电子元器件应予以断开。

② 耐压试验：导电部分对地之间施以电路最高电压的 2 倍再加上 1000V 的电压，历时 1min，然后检查各导电部分对地之间的绝缘。试验时，电子元件应予以断开。控制柜（屏）耐压试验时，250V 以下的电路部分除外。

③ 控制柜（屏）功能模拟试验：将已装配好的控制柜（屏）接到模拟试验台上，检查其功能是否正确、齐全。

### 2.3.2 自动扶梯和自动人行道的常见故障与排除方法

用户单位的维修人员必须按照生产单位提供的随机文件对自动扶梯和自动人行道进行检查和维修保养，发现故障及时进行排除。必须由经专业部门培训并取得上岗证书的人员排除故障并更换零部件。

**1. 梯级的故障与排除方法**

梯级是乘客乘梯的站立之地，也是一个连续运行的部件。由于环境条件、人为因素、机件本身等原因造成的主要故障包括：踏板齿折断，支架主轴孔处断裂，支架盖断裂，主轮脱胶。梯级故障的排除方法有：更换踏板，更换支架，更换支架盖，更换主轮，更换整个梯级。

**2. 曳引链的故障与排除方法**

曳引链是自动扶梯最大的受力部件，由于长期运行，磨损也相应较严重，主要故障包括：润滑系统故障，曳引链严重磨损，曳引链严重伸长。曳引链故障排除方法：更换曳引链，调整曳引链的张紧装置，清除曳引链的灰尘。

**3. 驱动装置的故障与排除方法**

驱动装置的主要故障包括：驱动装置的异常响声，驱动装置的温升过快过高。
驱动装置故障排除方法如下：
1）检查电动机两端轴承。减速器轴承、蜗杆蜗轮磨损，带式制动器制动电动机损坏，制动器的线圈和摩擦片间距调整不适合，驱动链条过松，上下振动严重或跳出。
2）电动机轴承损坏、电动机烧坏、减速器油量不足，油品错误、制动器的摩擦副间隙调整不适合、摩擦副烧坏、线圈内部短路烧坏。
3）以上两条中的配件应修复，不能修复的配件应更换。

**4. 梯路故障与排除方法**

梯路故障主要包括：梯级跑偏，梯级在运行时碰擦裙板。原因是多方面的：
1）梯级在梯路上运行不水平、分支各个区段不水平。
2）主辅轨、反轨、主辅轨支架安装不水平等。
3）相邻两梯级间的间隙在梯级运行过程中应保持恒定。
4）两导轨在水平方向平行不一致。
梯级故障的排除方法如下：
1）调整主辅轨的全新导轨、反轨和支撑架。
2）调整上分支主辅轮中心轨。
3）调整上下分支导轨曲线区段相对位置。

**5. 梳齿前沿板故障与排除方法**

梳齿前沿板故障分析：扶梯运行时，梯级周而复始地从梳齿间出来进去，每小时载客

8000～9000人次，梳齿的工作状况可想而知，梳齿杆易损坏；前沿板表面有乘客鞋底带的泥沙；梳齿板齿断裂造成乘客鞋底带进的异物卡入；梳齿的齿与梯级的齿槽啮合不好，当有异物卡入时产生变形、断裂。

梳齿前沿板故障排除方法如下：

1）扶梯出入口应保持清洁，前沿板表面清洁无泥沙。

2）梳齿板及扶梯出入口保证梳齿的啮合深入。

3）调整梳齿板、前沿板、梳齿与梯级的齿堵啮合尺寸。

4）调整前沿板与梯级踏板上表面的高度。

5）调整梳齿板水平倾角和啮合深度。

6）一块梳齿板上有3根齿或相邻2齿损坏时，必须立即予以更换。

**6. 扶手装置故障与排除方法**

扶手装置的故障常发生在扶手驱动部位，由于位置的限制，结构设计有一定的困难，易发生轴承、链条、驱动带损坏。用户单位在例行检查时，应适度调节驱动链的松紧程度：直线压带式的压簧不易过紧。圆弧压带式的压簧边不易过紧。各部轴承处按要求添加润滑脂。

扶手带长期运行，会发生伸长，通过安装在扶梯下端的调节机构把过长部分给吸收掉。扶手带进运行时，圆弧端处有时发出沙沙声，这是因为圆弧端的扶手支架内有一组轴承，此异常声往往是轴承损坏而产生的，应及时更换。

常用故障排除方法有：适度调整驱动链松紧度，调整压带簧松紧度，轴承链条驱动带损坏时应及时更换或修理。

**7. 安全保护装置故障与排除方法**

（1）安全保护装置故障：

1）曳引链过分伸长或断裂故障。

2）梳齿异物保护装置故障。

3）扶手带进入口安全保护装置故障。

4）梯级下沉保护装置故障。

5）驱动链断链保护装置故障。

6）扶手带断带保护装置故障。

（2）扶梯安全保护装置故障分析

1）当曳引链过分伸长或断裂时，曳引链条向后移动，行程开关动作后断电停机。

2）梳齿板异物保护利用一套机构使拉杆向后移动，从而使行程开关动作断电停机。

3）扶手带进入口安全保护装置利用杠杆作用放大行程后，触及行程开关从而达到停电的目的。

4）梯级下沉保护装置一旦发生故障，下沉部位碰到检测杆，使检测杆动作触动行程开关动作达到停机的目的。

5）驱动链断链保护装置是通过双排套筒滚子皮带，使动力通过减速机再传递给驱动主轴的（按规定提升高度超过6m时应配置此装置），当驱动链断裂后能使行程开关断电。

6）扶手带断带保护装置，当扶手带没有经过大于25kN拉力实验时，须设置此保护装

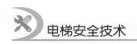 

置；扶手带通过驱动轮使之传动，一旦扶手带断裂，受扶手带压制的行程开关上的滚转向上摆动而达到停电停机的目的。

（3）安全保护装置故障排除方法

1）检查曳引链压簧、曳引链行程开关、曳引链条向后移动碰块。

2）检查异物卡机构、异物卡行程开关。

3）检查扶手带入口安全装置，如碰板、行程开关。

4）检查梯级下沉装置、行程开关。

5）检查驱动链保护装置，并按规定调整。

6）检查扶手断带保护装置。

8. 自动扶梯和自动人行道的常见故障与排除方法（见表 2-4）

表 2-4　自动扶梯和自动人行道的常见故障与排除方法

| 故障现象 | 可能的故障原因 | 排除方法 |
|---|---|---|
| 梯路跑偏 | 主驱动轴中心位置两端不在一个水平平面上 | 调整主驱动轴中心位置的垂直与水平平面 |
| | 两驱动链轮有转角位置偏差 | 调整或修正两驱动链轮，使轮转角同步一致 |
| | 两边链条拉伸长度不一致或节距有误差；牵引链条张紧度不一致 | 调整张紧度或检查链条的节距并予修正 |
| | 上/下侧板主导轨圆弧曲率半径有偏差或导轨有偏移 | 校正侧板左右曲线导轨的曲率半径，使其一致 |
| 梯级运行时有抖动感 | 运行的直线导轨变形或左右导轨不在同一个平面位置上 | 校正导轨或予以修正 |
| | 梯级链条与梯级轴缺油或梯级链左右拉伸不一致 | 定期清除积尘或污垢，并上油予以润滑 |
| | 主机驱动链条拉伸、大小链轮位置偏差（不在同一个平面上）或齿形变形，引起运行跳动 | 调整主驱动位置，并校正驱动链条使其具有一定的张紧度，或更换已坏的链条 |
| | 链条滚轮变形或已坏 | 更换已坏的滚轮 |
| | 导轨接缝处不平整，或有错位；导轨表面有积尘或污垢 | 调整、清洗 |
| 扶手带跑偏 | 扶手带导轨变形或错位 | 修正或调整扶手带导轨以及扶手板的垂直度 |
| | 扶手导轨出入口位置偏移，扶手带入口处引导托轮位置歪斜 | 调整扶手出入口（端部）圆弧导轨的位置（保持与直线段的直线性以及垂直度） |
| | 摩擦轮轴两端不在同一个水平平面位置上 | 调整或修正两摩擦轮的位置（水平与垂直）的一致性 |
| | 扶手带导向轮或反向滚轮组的位置歪斜或偏移 | 调整导向轮与反向滚轮组 |

（续）

| 故障现象 | 可能的故障原因 | 排除方法 |
| --- | --- | --- |
| 梯级运行在转向处有撞击声 | 在下侧板的左右对称导轨高低的差异 | 转向板圆弧与直线导轨接缝有偏差 |
| | 转向板中心位置不在同一个水平平面上，由于左右滚轮运行的角速度不一致，加之间隙与梯级重量的存在而产生撞击 | 修正转向板与直接导轨的接缝，调整下主轨的间隙 |
| | 下方主轨与反轨间隙过大的原因 | 调整转向板的中心位置 |
| 扶手带脱落或与梯级运行速度不同步 | 扶手带伸长 | 重新张紧扶手带，如果扶手带的伸长量已超过了许可值，则应更换扶手带 |
| | 摩擦轮轮毂磨损 | 重新张紧扶手带和压带，如果摩擦轮轮毂的磨损量已超过了许可值，则应更换摩擦轮 |
| | 压带磨损、松弛 | 重新调节压带的张紧度，如果压带已磨损过量，则应更换 |
| 梯级或踏板擦碰梳齿板 | 梳齿板偏移 | 重新调节梳齿板的位置 |
| | 梯级或踏板跑偏 | 排除梯级或踏板跑偏的故障 |
| | 个别梯级或踏板有偏移 | 重新调节梯级或踏板的位置 |
| 梯级运行转向时有跳动 | 切向导轨过度磨损 | 更换切向导轨 |
| | 驱动道松弛或主机未固定好 | 对接缝处进行修整 |
| 梳齿板保护开关动作 | 梯级或踏板进入梳齿板时有异物夹住 | 排除异物，并使梳齿板和安全开关复位 |
| 驱动链张紧保护开关动作 | 驱动链断裂或过度伸长 | 更换驱动链，并使安全开关复位 |
| 梯极（踏板）塌陷保护开关动作 | 梯级或踏板断裂、破损 | 更换损坏的梯级或踏板，并使安全开关复位 |
| | 梯级辅轮、牵引链滚轮损裂或过度磨损 | 更换损坏的辅轮或滚轮，并使安全开关复位 |
| 牵引链张紧或断裂保护开关动作 | 牵引链条断裂 | 修整牵引链条，并使安全开关复位 |
| | 牵引链条过度伸长 | 重新调节链条的张紧度，并调整安全开关的相应位置 |
| 扶手带入口保护开关动作 | 扶手带入口处有异物夹住 | 排除异物，并使安全保护装置及安全开关复位 |
| | 扶手带与扶手带入口安全护套之间间隙太小 | 调整护套位置，使之与扶手带之间有一定间隙，以免相互碰擦、挤压 |
| 围裙板保护开关动作 | 梯级与围裙板之间有异物夹住 | 排除异物，并使围裙板及安全开关复位 |
| | 围裙板受碰撞 | 找出并排除围裙板受碰撞的原因，并使安全开关复位 |
| | 梯级或踏板因跑偏而挤压围裙板 | 排除梯级或踏板跑偏的故障 |
| 超速或欠速 | 梯级或踏板损坏 | 更换损坏的梯级或踏板 |
| | 速度传感器偏位、损坏或感应面有污垢 | 重新调整传感器的位置、更换损坏的传感器、清洁感应面 |
| 相位监控时间装置动作 | 与电网相连的相序接错 | 相序只能在主端子做改变，重新连接三相动力线 |

## 2.4 自动扶梯安全相关技术

### 2.4.1 自动扶梯施工安全技术

1. 施工要求

1）根据自动扶梯发货计划，工程队在进场前全面完成井道勘查、测量工作，负责协调土建方一定完成井道整改工作。同时协调做好扶梯的移动路线。

2）在扶梯到达工地前一周，根据现场实际情况布置吊装设备，布置好吊点卷扬机、钢丝滑轮、电源、葫芦等设备的具体工作位置，同时布置好移动、吊装等工作面的警戒线。

3）在扶梯到达工地卸货后，工程队现场全面检查货物情况。

4）扶梯吊装方法：采用单边吊装法安装自动扶梯。

① 将扶梯预先吊装到扶梯井道最上一层楼层位置。

② 按扶梯编号顺序将所有自动扶梯吊装到位。

③ 在所有的扶梯都吊装到位后，工程队同时马上做好水平、垂直等调校、清理工作。

5）施工人员进入现场前必须戴好安全帽，工作服要穿戴整齐，不得穿拖鞋、硬底鞋、带钉鞋及高跟鞋工作。高空作业必须系好安全带。女工如留有辫子，应用安全帽罩好。

6）施工现场严禁吸烟，严禁带电作业。接近带电体时要有防护措施并要有人监视。

7）作业前严禁喝酒。进入施工现场操作时，精神要集中，上、下脚手架时要防止滑跌。

8）拆设备箱时，箱皮要及时清理，防止钉子扎脚。

9）在运输扶梯时要互相配合，统一号令，在如杠管时应注意人身安全，防止手指压入杠管内。

10）设置脚手架时，须上、下方便，使用前施工员应对架子进行检查验收，看是否牢固可靠。脚手板铺设应严密，无探头板，并绑扎牢固，底坑架子的载重量一定要符合要求，并且牢固可靠。

11）在吊装前，应检查各吊点是否能够满足所吊设备重量的要求，而且要进行试吊装，确保吊装安全可靠，避免发生损坏设备或伤人等安全事故。

12）吊装设备时，吊装索具要捆绑牢固，做到万无一失。吊装过程要保护好设备，严禁碰伤、刮伤设备。

13）吊装设备时，要做到密切配合，统一行动，信号正确，防止误操作。特别是多台起重设备共同作业时，更要注意步调一致，避免设备受力不均导致安全事故发生。

14）安装或修理时，应在两侧搭设施工脚手架，脚手架应与扶梯骨架呈斜坡阶梯式状，并搭设防护栏杆，必要时脚手架下应装安全网，经检查合格，安全牢固后才能使用。

15）安装梯节链时，必须将梯节链上头固定住，或用大绳及吊链挂好，再做连接，不可麻痹大意，以防下滑伤人。

16）安装梯节时应手动盘车进行或用扶梯检修操作盘进行点动，不能用正式开车钮。

盘车或点动时应确认作业区域没有作业人员，以免发生意外事故。

17）安装玻璃前，首先应将梯节装好，要轻搬、轻放防止碰撞，压紧时防止用力过猛、压碎玻璃伤到人。玻璃固定严禁使用金属榔头进行敲打，可用木方或木榔头轻轻鞭打。

18）电气焊工作现场要备好灭火器材，有具体的防火措施，要设专人看火，下班时要检查施工现场，确认无隐患，方可离去。

19）乙炔瓶与氧气瓶离易燃明火的距离不得小于 10m，冬期施工时要预防乙炔瓶受冻，受冻时严禁用火烤解冻。

20）乙炔瓶只许立用，不得垫在绝缘物上，不得敲击、碰撞，不应放置在地下室等不通风场所，严禁汞等物品与乙炔接触。

21）在调试过程中上、下要呼应一致，并注意机头的盖板处，防止突然起动，站立不稳而造成人身事故。

22）调整试车时，梯级上不许站人；调试时，必须确认作业人员离开梯级区域后才能试车。

23）在通电试运行前，要先将扶梯内的各物件清理干净，各润滑部位加油，并清理梯级，应有专人负责电器开关，停止运转后应立即关掉或拔去插头，在施工中应关闸挂牌以防运转伤人。

24）进行断续开车试运转时，如果发现异常声音及碰擦，应立即停车检查并进行调整。

25）维修时，如拆除基坑盖板或扶手，应临时加装挡板。自动扶梯或自动人行道出入口都应挂有"危险""闲人莫入"等醒目警告标志，防止误入发生事故。

26）拆装机器时，四周不允许堆放杂物，并随时注意机件坠落的可能，拆装大件时，尽量使用机械或半机械作业，在确实不能使用机械而且又不安全可靠的情况下，应加强力量，至少三人以上操作，并有专人负责指挥。

2. 自动扶梯项目检验内容及要求（见表 2-5）。

表 2-5 自动扶梯项目检验内容及要求

| 部 位 | 项 目 | 检验内容及要求 |
|---|---|---|
| 上、下平台机房 | 1. 使用环境 | ① 出入口处应有足够容纳乘客的区域，宽度应不小于扶手带中心线之间的距离，深度应从扶手带转折处算起至少为 2.5m<br>② 出入口区应有一块安全立足的地面，该地区从梳齿根部算起纵深至少为 0.85m<br>③ 扶梯的梯级上空垂直净高度≥2.3m |
| | 2. 机房门锁 | 门锁只能用钥匙或专用工具打开 |
| | 3. 主开关及照明 | ① 每台电梯都应设有可切断动力电源的主开关，各开关应有明显标志<br>② 机房内应有永久照明和用于检修的行灯，驱动站和转向站内应有 220V、2P + E 型插座 |
| | 4. 检修空间 | ① 驱动机房和转向站应有面积不小于 0.3m²、短边长度不小于 0.5m 的站立空间<br>② 控制柜（屏）前面应提供不小于 0.5m×0.7m 的矩形空间<br>③ 需要保养和检查运行部件的地方应提供不小于 0.5m×0.6m 的空间 |
| | 5. 清洁卫生 | 应保持清洁、无杂物、污水 |

 电梯安全技术

（续）

| 部　位 | 项　目 | 检验内容及要求 |
|---|---|---|
| 标志与<br>铭牌 | 1. 警示标志 | 在入口附近应有提醒乘客扶梯站立等字样的标志，如使用象形图形表示，其最小尺寸为 80mm×80mm，颜色为白底蓝色（指示符号为红色） |
| | 2. 铭牌 | 在入口明显处应有制造厂铭牌等字样 |
| 驱动装置 | 1. 运行状态 | 驱动机构运行良好，无异常声响和振动，减速箱无漏油 |
| | 2. 驱动链及梯级链 | ① 应保证合理的张紧度，其松弛下垂量为 10~15mm<br>② 润滑良好，无过度磨损 |
| | 3. 链轮、链条 | 工作表面应保持清洁，链轮上应有与运动方向相对应的标志 |
| | 4. 制动器 | ① 扶梯运行时，制动闸瓦与制动轮间隙应均匀，间隙≤3mm<br>② 制动性能良好，零部件无缺陷，制动带无过量磨损 |
| 梯级与<br>梳齿板 | 1. 梯级表面 | 梯级或踏板表面不应破损，固定应良好，在运行方向和横向不应有过量的游动 |
| | 2. 照明 | 梳齿板处应有足够的照明 |
| | 3. 梯级的间隙 | 在使用区域的任何位置，测量两个连贯梯级或踏板，其间隙≤6mm |
| | 4. 梯级与裙板的间隙 | 扶梯的裙板设在梯级的两侧，任一侧的水平间隙≤4mm，或两侧间隙总和≤7mm |
| | 5. 梳齿与梯级槽的啮合 | 梳齿与梯级踏板齿槽的啮合度应≥6mm，梯级或踏板表面至啮槽根的垂直距离≤4mm |
| | 6. 梯级导向及梯级水平段 | ① 梯级在进入梳齿前，应有导向，梯级在水平运动段内，连贯梯级之间高度误差≤4mm<br>② 梯级水平段至少为 0.8m，若提升高度大于 6m，该水平段至少为 1.2m，若为公共交通型自动扶梯，该水平段至少为 1.6m |
| 扶手带 | 1. 超出梳齿的延伸段 | 在扶梯入口处，扶手带超出梳齿延伸段水平长度，应至少为自梳齿根起延伸出 0.3m |
| | 2. 与扶手导轨的间距 | 扶手带开口处与扶手导轨或扶手支架间的间距，在任何情况下应≤8mm |
| | 3. 与障碍物水平距离 | 扶手带外缘与墙壁或其他障碍物之间的水平距离应≥80mm，且这个距离至少保持至梯级上方至少 2.1m 高度处 |
| | 4. 与踏板垂直距离 | 扶手带距离梯级踏板的垂直距离不小于 0.90m，且不大于 1.10m |
| | 5. 转向处入口与楼层板间距 | 扶手带在扶手转向处的入口与楼层板的间距应不小于 0.1m，且不大于 0.25m |
| | 6. 保护装置 | 扶手带的导向与张紧，应能使其在正常运行时不会脱离扶手导轨 |
| 围裙板<br>及盖板 | 1. 安装要求 | 围裙板扇应十分坚固、光滑、平整，不应有孔、嵌条等 |
| | 2. 间距 | 相邻裙板应对接，对接间隙≤1mm，围裙板应垂直，上缘或内盖板折线处与梯级踏板面之间垂直距离应≥25mm |
| | 3. 内盖板倾角 | 内盖板和垂直栏板应具有水平面不小于 25°的倾角 |
| | 4. 内外盖板 | 内外盖板的对接处应平齐与光滑，颜色一致 |

（续）

| 部　位 | 项　目 | 检验内容及要求 |
|---|---|---|
| 扶手装置 | 1. 扶栏 | 朝向梯级一侧的扶栏应是光滑的，压条或镶条的装设方向与运动方向不一致时，其突出部分应≤3mm，且应坚固，并具有圆角或倒角边缘 |
| | 2. 两护壁板的间隙 | 两护壁板之间的缝隙应≤4mm，其边缘应是倒角或圆角，当采用玻璃时应是单层的防碎安全玻璃，其厚度应≥6mm |
| | 3. 两护壁板水平距离 | 两护壁板之间下部位置的水平距离应不大于上部位置的水平距离，护壁之间任何位置的水平距离应小于扶手带中心线的距离 |
| 桁架与导轨 | 1. 桁架 | 能确保扶梯具有足够的承载能力 |
| | 2. 导轨 | ① 导轨的接头应平整、直线段应垂直<br>② 梯级运行时，不应感到过大的冲击、振动和位移<br>③ 应能限制梯级的折叠和位移，在梳齿处保证梳齿与梯级或踏板的正确啮合 |
| 检查装置 | 1. 停止开关 | 每个检修控制装置应设一个停止开关，停止开关一旦动作就应保持在断开位置 |
| | 2. 标记 | 检修控制装置应设有明显识别运动方向的标记 |
| | 3. 控制装置 | 检修装置应设置电缆长度不小于3m的便携式手动操作的检修控制装置 |
| | 4. 检修插座 | 当使用检修控制装置时，其他的起动开关都应不起作用 |
| | 5. 操作元件 | 检修装置、操作元件应能防止发生意外动作，且只允许自动扶梯在操作元件用手长期按压时运转 |
| 安全防护装置 | 1. 接地 | 桁架和电气设备外壳应可靠地接地并保证从进入机房起地线和中性线始终分开 |
| | 2. 电气防护 | 在各分离机房、驱动和返回机房内，电气部件应采用防护罩壳，以防止直接触电 |
| | 3. 电气绝缘 | 导体之间的和导体对地之间的绝缘电阻必须大于1000Ω，并且其值不小于：<br>① 动力电路和电气安全电路为0.5MΩ<br>② 其他电路（控制、照明、信号等）为0.25 MΩ |
| | 4. 急停按钮 | 在扶梯的出入口处应设有便于靠近和操作的紧急停止按钮 |
| | 5. 停止开关 | 在驱动站和转向站应设有能使自动扶梯停止运行的停止按钮（如装有主开关，则该处可不设停止开关），且动作可靠，停止开关应是：<br>① 手动非自动复位的开关<br>② 具有清晰的、永久的转换位置标记<br>③ 符合安全触点的要求 |
| | 6. 垂直防碰挡板 | 扶手带中心线与障碍物之间的距离小于0.5m时，或在与楼板交叉处以及各交叉设置的自动扶梯之间，应在外盖板上方设置符合要求的垂直防碰挡板，其高度不应小于0.3m |
| | 7. 防护栏杆 | 自动扶梯的楼层地板开口周围应设防护栏杆，出入口附近如设置护板，应采用防儿童钻爬结构 |
| | 8. 黄色标记 | 手轮、制动盘等不便防护的运动装置，应部分漆成黄色 |

（续）

| 部　位 | 项　目 | 检验内容及要求 |
|---|---|---|
| 安全保护装置 | 1. 梳齿异物保护装置 | 如有异物卡入梯级与梳齿板之间，且产生损坏梯级或梳齿板支撑结构的危险时，该装置应使自动扶梯停止运行。检验时可人为使此装置动作 |
| | 2. 超速限速器 | 扶梯在速度超过额定速度1.2倍之前时，该装置应切断电源使扶梯自动停车（如果交流电动机与梯级间的驱动是非摩擦性的连接，并且转差率不超过10%的除外）。检验时，可人为动作此装置 |
| | 3. 梯级链保护装置 | 驱动装置与转向装置之间的距离变化或链条断裂时，该装置应使扶梯自动停止运行。检验时可人为动作此装置 |
| | 4. 防逆转保护装置 | 梯级改变规定运行方向时，该装置应能使扶梯自动停止运行，且制动器可靠制动。检验时可人为动作此装置 |
| | 5. 驱动链保护装置 | 当驱动链条过分伸长或断裂时，该装置使行程开关动作后断电，从而停机，起到安全保护作用。检验时，可人为动作此装置 |
| | 6. 扶手带保护装置 | 用手指（或大小相近的物品）插入扶手带入口处时，该装置应动作，切断安全回路，扶梯停止运行；人为动作扶手带断裂保护装置时，受扶手带压制的行程开关动作，扶梯断电停机 |
| | 7. 梯级或踏板下沉保护装置 | 当发生支架断裂、主轮破裂、踏板断裂等现象，造成梯级下沉或踏板下陷时，该装置动作达到断电停机。检验时，可人为动作此装置 |
| | 8. 断、错相保护装置 | 将总电源输入线断去一相或交换相序时，扶梯应不能工作 |
| | 9. 裙板保护装置 | 扶梯空载运行时，在扶梯出入口处的裙板上施加一力，该装置应立即切断安全回路，扶梯立即停运 |
| 附加制动器 | | 下列情况应设附加制动器：<br>① 工作制动器和梯级、踏板之间不是由轴、齿轮、多排链、两根或两根以上单排链传动的<br>② 工作制动器不是机电式制动器<br>③ 提升高度超过6m<br>④ 公共交通型的自动扶梯<br>在下列情况时，附加制动器应动作：<br>① 运行速度超过额定速度1.4倍<br>② 扶梯改变设定的运行方向 |

### 3. 自动扶梯安装验收检验内容及要求（见表2-6）

表2-6 自动扶梯安装验收检验内容及要求

| 序 号 | 项 类 | 验收检验内容与要求 |
|---|---|---|
| 1 | 技术资料 | 制造单位应提供下列资料和文件：<br>① 直接驱动梯级的部件（如梯级链、牵引齿条等）要具有足够抗断裂强度的计算证明或检验报告<br>② 梯级的证明文件<br>③ 对于公共交通型自动扶梯应有扶手带的断裂强度证书<br>④ 总体布置图<br>⑤ 安装、使用、维护说明书<br>⑥ 电气原理图、接线图及安全开关示意图 |
| 2 | | 安装单位应提供下列资料和文件：<br>① 施工情况记录和自检报告<br>② 安装过程中事故记录与处理报告<br>③ 由使用单位提出的经制造单位同意的变更设计的证明文件 |
| 3 | | 改造单位除提供1、2项要求的内容外，还应提供改造部分的清单、主要部件合格证、形式试验报告副本、改造部分经改造单位批准并签章的图样和计算资料 |
| 4 | | 使用单位应建立自动扶梯运行管理制度（如故障状态救援操作规程，自动扶梯钥匙使用保管制度） |
| 5 | | 在机房和转向站内应有一块面积至少为0.3m²，且较小一边的长度不少于0.5m，没有任何固定设备的站立空间 |
| 6 | 驱动和转向站 | 当主驱动装置或制动器装在梯级、踏板或胶带的载客分支和返回分支之间时，在工作区段应提供一个适当的接近水平的立足平台，其面积不应小于0.12m²，最小边尺寸不小于0.3m。该平台可以是固定的或移动的，如果为移动的，应置于近处备用，为此应制定必要的规定 |
| 7 | | 在固定式控制柜（屏）宽度（但不可小于0.5m）范围的前方的区域内要有一个自由空间，其深度至少为0.8m |
| 8 | | 分离机房、分离驱动和转向站内在需要对运动部件进行维修和检查的地方，应有一个面积至少为0.5m×0.6m的自由空间 |
| 9 | | 如果转动部件易接近和对人有危险，应设有效的防护装置，特别是必须在内部进行维修工作的驱动站或转向站的梯级转向部分 |
| 10 | | 分离机房、分离驱动和转向站的电气照明应为常备的手提行灯 |
| 11 | | 在金属结构内的机房、驱动和转向站的每一处应配备一个或多个2P+PE型电源插座 |
| 12 | | 在驱动主机附近、转向站中或控制装置旁应装设一只能切断电动机、制动器释放装置和控制电路电源的主开关。该开关应不能切断电源插座或检修和维修所必需的照明电路电源 |
| 13 | | 应能采用挂锁或其他等效方式将主电源锁住或使它处于"隔离"位置，主开关的控制机构应在打开门或活门板后能迅速而容易地操纵 |

（续）

| 序　号 | 项　　类 | 验收检验内容与要求 |
|---|---|---|
| 14 | | 主开关应具有切断自动扶梯正常使用情况下最大电源的能力 |
| 15 | | 当暖气装置、扶手照明和梳齿板照明是单独供电时，各相应开关应位于主开关近旁并要有明显的标志 |
| 16 | | 在驱动和转向站中应设置使自动扶梯停止运行的停止开关，如果驱动站已设置了主开关，可不设停止开关。停止开关的动作应能切断驱动主机电源，并使工作制动器制动 |
| 17 | | 16 项中所述的停止开关应为：<br>① 手动非自动复位的开关<br>② 具有清晰的、永久的转换位置标记<br>③ 符合安全触点的要求 |
| 18 | | 导体之间的和导体对地之间的绝缘电阻必须大于 1000Ω，并且其值不小于：<br>① 动力电路和电气安全电路为 0.5MΩ<br>② 其他电路（控制、照明、信号等）为 0.25 MΩ |
| 19 | | 中性线与地线应始终分开 |
| 20 | | 断相保护装置功能可靠 |
| 21 | 驱动和<br>转向站 | 主机供电电源应由两个独立的接触器来中断，接触器的触点应串接于供电电路中，如果自动扶梯停止时，接触器的任一主触点断开，应不能重新起动 |
| 22 | | 直接与电源连接的电动机应进行短路保护 |
| 23 | | 直接与电源连接的电动机应采用手动复位的低压继路器进行过载保护，该开关应切断电动机的所有供电。当过载检测取决于电动机绕组温升时，则断路器可在绕组充分冷却后自动闭合，只有再一次操作一个或数个开关时，才能再次起动扶梯 |
| 24 | | 制动系统供电的中断至少应有两套独立的电气装置来实现，这些装置也可以中断驱动主机的电源。如自动扶梯停车后，这些电气装置中的任何一个还没有断开，应不能重新起动 |
| 25 | | 能用手释放的制动器，应由手的持续力使制动器保持松开的状态 |
| 26 | | 如提供手动盘车装置，该装置应操作方便，不允许采用曲柄或多孔手轮 |
| 27 | | 自动扶梯的起动应只能由指定人员操作一个或数个开关来实现；或当起动是自动时，由一个使用者经过某一点时使之自动起动，投入有效运行<br>开关可采用：钥匙操作式开关，护盖可锁式开关等。该开关不应同时用作主开关 |
| 28 | | 起动时，操纵开关的人员在操作之前应能看到整个自动扶梯，或者应有措施保证在操作之前没有人正在使用自动扶梯，运行方向在开关的指示上应能明显识别 |
| 29 | | 紧急停止装置设置在位于自动扶梯出入口附近的、明显且易于接近的位置 |
| 30 | | 对于提升高度超过 12m 的自动扶梯，应增设附加急停装置。附加急停装置之间的距离不应超过 15m（自动人行道不应超过 40m） |

（续）

| 序　号 | 项　　类 | 验收检验内容与要求 |
|---|---|---|
| 31 | 倾斜角和导向 | 自动扶梯的倾斜角 α 不应超过 30°，当提升高度不超过 6m、额定速度不超过 0.5m/s 时，倾斜角 α 允许增至 35° |
| 32 | | 自动扶梯梯级在出入口应有导向，使其从梳齿板出来的梯级前缘和进入梳齿板梯级后缘至少应有一段 0.8m 长的水平距离。在水平运动段内，两个相邻梯级之间的高度误差最大允许为 4m。若额定速度大于 0.5m/s 或提升高度大于 6m，该水平运动距离应至少为 1.2m |
| 33 | 相邻区域 | 自动扶梯及其周边，特别是在梳齿板的附近应有足够和适当的照明。室内或室外自动扶梯出入口处的光照度分别至少为 50lx 或 15lx |
| 34 | | 在自动扶梯的出入口，应有充分畅通的区域，以容纳乘客。该畅通区的宽度至少等于扶手带中心线之间的距离，从扶手带转向端端部算起，其纵深尺寸至少为 2.5m。如果该区域宽度增至扶手带中心距的两倍以上，则其纵深尺寸允许减少至 2m |
| 35 | | 自动扶梯的梯级上空，垂直净空高度不应小于 2.3m |
| 36 | | 扶手带中心线与障碍物之间的距离小于 0.5m 时，为防止该障碍物引起人员伤害，应采取相应的预防措施。特别是在与楼板交叉处以及各交叉设置的自动扶梯之间，应在外盖板上方设置符合规定要求的垂直防碰挡板，其高度不应小于 0.3m |
| 37 | | 扶手带外缘与墙壁或其他障碍物之间的水平距离在任何情况下均不得小于 80mm |
| 38 | | 对相互邻近平行或交错设置的自动扶梯，扶手带的外缘间距至少为 120mm |
| 39 | | 扶手带开口处与导轨或扶手支架之间的距离在任何情况下均不得超过 8mm |
| 40 | | 扶手装置应没有任何部位可供人员站立，应采取措施阻止人们翻越扶手装置，以免除跌落的危险 |
| 41 | 扶手装置和围裙板 | 朝向梯级一侧扶手装置部分应是光滑的。其压条或镶条的装设方向与运行方向不一致时，其凸出高度不应超过 3mm，且应坚固，并具有圆角或倒角的边缘 |
| | | 围裙板与护壁板之间的连接处的结构应使钩绊的危险降至最小 |
| 42 | | 护壁板之间的空隙不应大于 4mm，其边缘应呈圆角或倒角状 |
| 43 | | * 允许采用玻璃做成护壁板，这种护壁板应是单层安全玻璃（钢化玻璃），玻璃的厚度不应小于 6mm |
| 44 | | 围裙板应是十分坚固、平滑的，且是对接缝的 |
| 45 | | 自动扶梯的围裙板与梯级之间，任何一侧的水平间隙不应大于 4mm，在两侧对称位置处测得的间隙总和不应大于 7mm |
| 46 | 梳齿与梳齿板 | ① 梳齿板梳齿与踏板面齿槽的啮合深度应至少为 6mm，梳齿根部与踏板面齿顶部间隙不应超过 4mm<br>② 梳齿板梳齿或踏板面齿槽应完好，不得有缺损 |
| 47 | | 梳齿板或其支撑结构应为可调式的，以保证正确啮合。梳齿板应易于更换 |

（续）

| 序 号 | 项 类 | 验收检验内容与要求 |
|---|---|---|
| 48 | 安全装置 | 在扶手带入口处应设有保护手装置，并应装设一个自动扶梯自动停止运行的开关 |
| 49 | | 如有异物卡入梯级与梳齿板之间，且有产生损坏梯级或梳齿板支撑结构的危险时，自动扶梯应停止运行 |
| 50 | | 自动扶梯应配备速度限制装置，使其在速度超过额定速度1.2倍之前自动停车，同时切断自动扶梯的电源（如果交流电动机与梯级间的驱动是非摩擦性的连接，并且转差率不超过重10%的除外） |
| 51 | | 自动扶梯应设置一个装置，使其在梯级改变规定运行方向时，自动停止运行 |
| 52 | | 直接驱动梯级的元件（如链条或齿条）断裂或过分伸长时，自动扶梯应自动停止运行 |
| 53 | | 驱动装置与转向装置之间的距离无意性缩短，自动扶梯应自动停止运行 |
| 54 | | 应设置一个保护装置，当下陷的梯级运行到梳齿板相交线前足够长的距离时，该装置能动作，以保证下陷的梯级不能到达梳齿相交线 |
| 55 | | 用于公共交通型的扶梯，如果制造厂商没有提供扶手带的破断载荷至少25kN的证明，则应提供能使自动扶梯在扶手带断裂时停止运行的装置，且功能可靠 |
| 56 | 检修装置 | 自动扶梯应设置便携式手动操作的检修控制装置 |
| 57 | | 检修控制装置的电缆长度至少为3m |
| 58 | | 在驱动站和转向站内至少提供一个用于便携式检修控制装置连接的插座，检修插座的设置应能使检修控制装置到达自动扶梯的任何位置 |
| 59 | | ① 检修控制装置的操作元件应能防止发生意外动作，自动扶梯只允许在操作元件用手长期按压时运转<br>② 每个检修控制装置应配置一个停止开关，停止开关一旦动作就应保持在断开位置 |
| 60 | | 检修操作开关的指示装置上应有明显识别运行方向的标记 |
| 61 | | 当使用检修控制装置时，其他所有起动开关都应不起作用。所有检修插座应这样设置，即当连接一个以上的检修控制装置时，或者都不起作用，或者需要同时都起动才能起作用。安全开关和安全电路应仍有效 |
| 62 | 制动器 | 在下列任何一种情况下，自动扶梯应设置一只或多只附加制动器，该制动器直接作用于梯级驱动系统的非摩擦元件上（单根链条不能认为是一个非摩擦元件）：<br>① 工作制动器和梯级驱动轮之间不是用轴、齿轮、多排链条、两根或两根以上的单根链条连接的<br>② 工作制动器不是机-电式制动器<br>③ 提升高度超过6m<br>附加制动器应为机械式的（利用摩擦原理） |

（续）

| 序 号 | 项 类 | 验收检验内容与要求 |
|---|---|---|
| 63 | 自动起动停止 | 由于使用者的经过而自动起动的自动人行道，应该在使用者走到梳齿相交线之前起动运行<br>① 光束：应设置在梳齿相交线之前至少 1.3m 外<br>② 触点踏垫：其外缘应设置在梳齿相交线之前至少 1.8m 处，沿运行方向的触点踏垫长度至少为 0.85m。施加在其表面为 25cm² 的任何点上的载荷达 150N 之前就应做出响应 |
| 64 | | 在有使用者通过而自动起动的自动人行道上，如果使用者能从与预定运行方向相反的方向进入时，那么自动人行道仍应按预先确定的方向起动，运行时间应不少于 10s |
| 65 | | 在使用者通过而自动起动的自动人行道经过一段足够的时间（至少为预期乘客输送时间再加上 10s）后，控制系统才能自动停止运行 |
| 66 | | 电气元件和导线端子编号应清晰，并与技术资料相符 |
| 67 | | 在自动人行道入口处应设置使用须知标牌，标牌应包括以下内容：<br>① 必须拉住小孩<br>② 宠物必须抱住<br>③ 站立时面朝运行方向，脚须离开梯级边缘<br>④ 握住扶手带<br>这些使用须知，应尽可能用象形图表示 |
| 68 | | 紧急停止装置应涂成红色，并在此装置上或紧靠它的地方标上"停止"字样 |
| 69 | | 如果备有手动盘车装置，那么在其附近应备有使用说明，并且应明确地标明自动人行道的运行方向 |
| 70 | | 自动人行道至少在一个出入口的明显位置，应用中文标明：<br>① 制造厂家的名称<br>② 产品型号标志<br>③ 系列编号（可能的话） |
| 71 | | 若为自动起动式自动人行道，则应配备一个清晰可见的信号系统，以便向乘客指明自动人行道运行方向及其是否可供使用 |

## 2.4.2 自动扶梯运行安全技术

由于电梯引发的公共安全事故不断，如何正确使用自动扶梯，保护自己和家人的安全成为当务之急。下面介绍如何正确乘坐自动扶梯和自动人行道，使我们在享受便捷和舒适的同时确保安全。

1. 乘坐自动扶梯安全规则

1）幼儿乘坐电梯，需要由家长陪同，家长必须牵领或抱起幼儿。

2）靠左行走，靠右站立。

3）步入自动扶梯前，应检查衣物，防止松散、拖曳的长裙、包带等被梯级边缘、梳齿板等挂住或拖曳。

4）在入口处，要按顺序步入自动扶梯，要注意人员分散，不推挤。

5）在自动扶梯上，不能将头部、四肢伸出扶手装置以外，以免受到障碍物、天花板、相邻的自动扶梯的撞击。

6）不能将拐杖、雨伞尖端或者高跟鞋尖等尖利硬物插入梯级边缘的缝隙中或者梯级踏板的凹槽中，以防损坏梯级并造成人身意外事故。

7）在乘坐自动扶梯时一定要站立并握紧扶手带，以避免发生上行逆转时，自己跌倒或导致别人跌倒而受伤害。在扶梯出口处注意抬脚顺势迈出。

8）不要蹲坐在梯级踏板上，因为当梳齿板有梳齿缺损、变形时，蹲坐容易使臀部受到严重伤害。

9）不要在梯级上乱扔烟头，丢弃果皮、瓶盖、雪糕棒、口香糖及商品包装等杂物。

10）不能在梯级上蹦跳、嬉戏、奔跑，笨重物品和手推车尽量不要使用自动扶梯运输。

11）不能攀爬扶手带或内外盖板，严禁在扶手带或内外盖板处玩耍。

12）手推婴儿车、购物小推车等不能随人搭乘。以防车子失去平衡滚落，伤害其他乘客或损害设备。

13）大楼发生火灾或地震时，不能搭乘自动扶梯，应通过消防楼梯撤离。

14）自动扶梯和自动人行道发生水淹时不能搭乘，应尽快通过其他安全出口撤离。

15）自动扶梯停止运行期间，不要当步行楼梯使用，梯级的垂直高度比普通步行楼梯要高得多，有可能因不适应而受到伤害。

16）在正常情况下，不能按动紧急制动按钮，严禁恶作剧，以免乘客发生事故。

**2. 发生自动扶梯安全事故的应急措施**

1）保护脑部。两手十指交叉相扣、护住后脑和颈部，两肘向前，护住双侧太阳穴。

2）保护好胸部。不慎倒地时，双膝尽量前屈，护住胸腔和腹腔的重要脏器，侧躺在地。

3）每台扶梯的上部、下部和中部都各有一个紧急制动按钮，一旦发生扶梯意外，靠近按钮的乘客应第一时间按下按钮，使扶梯停止运行，以避免事态的进一步恶化。

## 2.4.3 自动扶梯环境安全技术

自动扶梯的安全与周围环境联系非常紧密，不同环境下自动扶梯的安全运行须注意以下几点：

1）扶梯的安全选择要考虑其承载能力，设置相应的安全系数，GB 16899—2011《自动扶梯和自动人行道的制造与安装安全规范》规定链条的安全系数不应小于5。

2）根据所需位置选用室内型还是室外型扶梯。一般用于公路建设中的扶梯属于室外型，商场内的扶梯属于室内型，也有介于二者之间的地理位置，通常选择室外型。

3）扶梯要防杂物、防水，尤其是室外型扶梯，需要考虑雨雪灰尘天气的影响。

4）扶梯要考虑温度变化的影响，季节的变化对扶梯的零部件性能有较大的影响。

5）扶梯还应当考虑运送时间、运送成本等外在因素的影响。

### 思 考 题

1. 自动扶梯有哪些主要零部件?
2. 自动扶梯润滑的重要作用是什么? 它是如何进行润滑的?
3. 扶梯的主要安全装置有哪些?
4. 现场拼接扶梯时, 有哪些安全注意事项?
5. 怎样对自动扶梯进行调试, 其安全注意事项有哪些?
6. 对自动扶梯验收时, 主要应验收哪些部位?
7. 检验时应对扶梯进行哪些试验?

# 第 **3** 章
# 电梯安全装置与保护系统

电梯的安全保护系统包括高安全系数的曳引钢丝绳、限速器、安全钳、缓冲器、多道限位开关、防止超载系统及完善严格的开关门系统和安全保障。

## 3.1 电梯安全保护系统

电梯是高层建筑中必不可少的垂直运输工具，其运行质量直接关系到人员的生命安全和货物的完好，所以电梯运行的安全性必须放在首位。为保障电梯的安全运行，从电梯设计、制造、安装到日常维修保护等各个环节，都要充分考虑到防止危险发生，并针对各种可能发生的危险，设置专门的安全装置。根据 GB 7588—2003《电梯制造与安装安全规范》中的规定，现代电梯必须设有完善的安全保护系统，包括一系列的机械安全装置和电气安全装置，以防止任何不安全情况的发生。

电梯的安全保护，首先是对人员的保护，同时也要对电梯本身和所载物资以及安装电梯的建筑物进行保护。为了确保电梯运行中的安全，在设计时设置了多种机械、电气安全装置：超速保护装置——限速器、安全钳；终端限位保护装置——强迫减速开关、终端限位开关、终端极限开关，分别起到强迫减速、切断方向控制电路、切断动力输出（电源）的三级保护；冲顶（蹲底）保护装置——缓冲器；门安全保护装置——层门、轿门电气联锁装置及门防夹人的装置；电梯不安全运行防止系统——轿厢超载限制装置及各种装置的状态检测保护装置（如限速器断绳开关、钢带断带开关）；供电系统保护装置、电动机过载装置、过电流装置及报警装置等。这些装置共同组成了电梯安全保护系统，以防止任何不安全的情况发生。另外，在维护和使用电梯时必须随时注意，应随时检查安全保护系统的状态是否正常有效。很多事故就是由于未能发现、检查到电梯状态不良和未能及时维护检修及不正确使用造成的。所以司机必须了解掌握电梯安全保护系统的工作原理，及时发现隐患并正确合理地使用电梯。

### 3.1.1 电梯常见的事故和故障

#### 1. 轿厢失控、超速运行

当曳引机电磁制动器失灵，减速器中的轮齿、轴、销、键等折断，或曳引绳在曳引轮绳槽中严重打滑等情况发生时，正常的制动手段已无法使电梯停止运动，此时轿厢失去控制，造成运行速度超过额定速度。

**2. 终端越位**

由于平层控制电路出现故障，轿厢运行到顶层端站或底层端站时，未停车而继续运行或超出正常的平层位置。

**3. 冲顶或蹲底**

当上终端限位装置失灵等情况发生时，轿厢或对重冲向井道顶部，称为冲顶；当下终端限位装置失灵或电梯失控等情况发生时，电梯轿厢或对重跌落井道底坑，称为蹲底。

**4. 不安全运行**

电梯在限速器失灵或层门、轿门不能关闭或关闭不严的情况下运行，轿厢超载运行，曳引电动机在断相、错相等状态下运行等，均为不安全运行。

**5. 非正常停止**

非正常停止，即由于控制电路出现故障、安全钳误动作、制动器误动作或电梯停电等原因，造成运行中的电梯突然停止。

**6. 关门障碍**

电梯在关门过程中，门扇受到人或物体的阻碍，使门无法关闭。

### 3.1.2 电梯安全保护系统的组成

1）超速（失控）保护装置：限速器、安全钳。
2）终端限位保护装置：强迫减速开关、终端限位开关、终端极限开关，上述三类开关分别起到强迫减速、切断控制电路、切断动力输出（电源）的三级保护作用。
3）冲顶（蹲底）保护装置：缓冲器。
4）门安全保护装置：层门、轿门门锁电气联锁装置，确保门不可靠关闭时电梯不能运行；层门、轿门设置光电检测装置或超声波检测装置、门安全触板等，保证门在关闭过程中不会夹伤乘客或货物，关门受阻时，保持门处于开启状态。
5）电梯不安全运行防止系统：轿厢超载限制装置、限速器断绳开关、安全钳误动作开关、轿顶安全窗和轿厢安全门开关等。
6）供电系统断相、错相保护装置：相序保护继电器等。
7）停电或电气系统发生故障时，轿厢慢速移动装置。
8）报警装置：轿厢内与外联系的警铃、电话等。
除上述安全装置外，电梯还会设置轿顶安全护栏、轿厢护脚板、底坑对重侧防护栏等设施。综上所述，电梯安全保护系统一般由机械安全装置和电气安全装置两大部分组成，但是机械安全装置往往需要电气方面的配合和联锁，才能保证电梯运行安全可靠。

### 3.1.3 电梯安全保护系统的动作关联关系

电梯安全保护系统的动作关联关系如图 3-1 所示，当电梯出现紧急故障时，分布于电梯系统各部位的安全开关被触发，切断电梯控制电路，曳引机的电磁制动器动作，制停电梯。当电梯出现极端情况如曳引绳断裂时，轿厢将沿井道坠落，当到达限速器动作速度时，限速器会触发安全钳动作，将轿厢制停在导轨上。当轿厢超越顶、底层站时，首先触发强迫减速开关减速；如无效则触发限位开关使电梯控制电路动作将曳引机制停；若仍未使轿厢停止，则会采用机械方法强行切断电源，迫使曳引机断电并使制动器动作制停。当曳引绳在曳引轮上打滑时，轿厢速度超限会导致限速器动作，触发安全钳，将轿厢制停；如果打滑后轿厢速度未达到限速器触发速度，最终轿厢将触及缓冲器减速制停。当轿厢超载并达到某一限度时，轿厢超载开关被触发，切断控制电路，导致电梯无法起动运行。当安全窗、安全门、层门或轿门未能可靠锁闭时，电梯控制电路无法接通，会导致电梯在运行中紧急停车或无法起动。当层门在关闭过程中，安全触板遇到阻力时，门机立即停止关门并反向开门，稍做延时后重新尝试关门动作，在门未可靠锁闭时电梯无法起动运行。

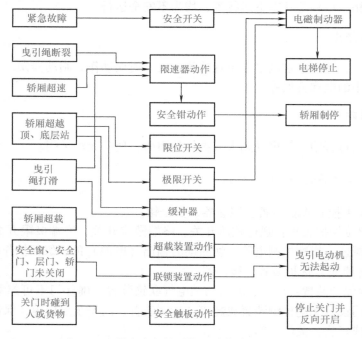

图 3-1　电梯安全保护系统的动作关联关系

## 3.2　限速器

### 3.2.1　限速器的结构与原理

限速器是电梯安全运行中最为重要的安全保护装置之一，它随时监测着电梯的运行速度，当出现超速情况时，能及时发出信号，继而产生机械动作，切断控制电路或驱动安全钳（夹绳器）将轿厢强制制停或减速。限速器是指令发出者并非执行者。

控制轿厢超速的限速器触发速度和相关要求，在 GB 7588—2003《电梯制造与安装安全规范》中有明确的规定，即该速度至少等于电梯额定速度的115%；限速器动作时，限速器绳的张力不得小于安全钳起作用所需力的两倍或300N；限速器绳的最小破断载荷与限速器动作时产生的限速器绳张力有关，其安全系数应大于8，限速器绳公称直径不应小于6mm；限速器绳必须配有张紧装置，且在张紧轮上装设导向装置。

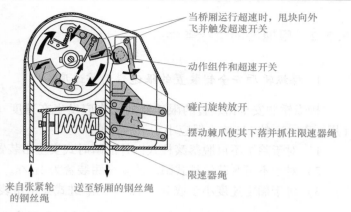

当桥厢运行超速时，甩块向外飞并触发超速开关

动作组件和超速开关

碰闩旋转放开

摆动棘爪使其下落并抓住限速器绳

限速器绳

来自张紧轮的钢丝绳　　送至轿厢的钢丝绳

图3-2　限速器工作原理

限速器工作原理如图3-2所示。限速器装置由限速器、限速器绳及绳头、限速器绳张紧装置等组成。限速器一般安装在机房内，限速器绳绕过限速器绳轮后，穿过机房地板上开设的限速器绳孔，竖直穿过井道总高，一直延伸到装设于电梯底坑中的限速器绳张紧轮并形成回路；限速器绳绳头处连接到位于轿厢顶的连杆系统，并通过一系列安全钳操纵拉杆与安全钳相连。电梯正常运行时，电梯轿厢与限速器绳以相同的速度升降，两者之间无相对运动，限速器绳绕两个绳轮运转；当电梯出现超速并达到限速器设定值时，限速器中的夹绳装置动作，将限速器绳夹住，使其不能移动，但由于轿厢仍在运动，于是两者之间出现相对运动，限速器绳通过安全钳操纵拉杆拉动安全钳制动元件，安全钳制动元件则紧密地夹持住导轨，利用其间产生的摩擦力将轿厢制停在导轨上，保证电梯安全。

对于传统的电梯，都必须使用限速器来随时监测并控制轿厢的下行超速，但随着电梯的使用，人们发现轿厢上行超速并且冲顶的危险也确实存在，其原因是轿厢空载或极小载荷时，对重侧重量大于轿厢，一旦制动器失效或曳引机轴、键、销等折断，或曳引轮绳槽严重磨损导致曳引绳在其中打滑，轿厢上行超速就发生了。所以在GB 7588—2003中规定，曳引驱动电梯应装设上行超速保护装置，该装置包括速度监控和减速元件，应能检测出上行轿厢的失控速度，当轿厢速度大于或等于电梯额定速度的115%时，应能使轿厢制停，或至少使其速度下降至对重缓冲器的允许使用范围内。该装置应该作用于轿厢、对重、钢丝绳系统（悬挂绳或补偿绳）或曳引轮上，当该装置动作时，应使电气安全装置动作或控制电路失电，电动机停止运转，制动器动作。

单向限速器如图3-3所示，双向限速器如图3-4所示。

图3-3　单向限速器

图3-4　双向限速器

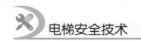

### 3.2.2 限速器的运行条件

**1. 操纵轿厢安全钳装置的限速器动作速度**

操纵轿厢安全钳装置的限速器的动作应发生在速度（单位取 m/s）至少等于额定速度（用 $v$ 表示）的 115%，但应小于下列各值：

1）对于除了不可脱落滚柱式以外的瞬时式安全钳装置为 0.8m/s。
2）对于不可脱落滚柱式瞬时式安全钳装置为 1m/s。
3）对于额定速度小于或等于 1m/s 的渐进式安全钳装置为 1.5m/s。
4）对于额定速度大于 1m/s 的渐进式安全钳装置为 $1.25v + \dfrac{0.25}{v}$（m/s）。

**2. 动作速度的选择**

对于额定速度大于 1m/s 的电梯，建议选用上述示出的上限值的动作速度。对于额定载重量大、额定速度低的电梯，应专门为此设计限速器，并建议选用上述示出的下限值的动作速度。

**3. 对重安全钳装置的限速器动作速度**

对重安全钳装置的限速器的动作速度应大于轿厢安全钳装置的限速器动作速度，但不得超过 10%。

**4. 限速器绳的张紧力**

为了防止限速器绳在轮槽内打滑，使限速器能始终反映电梯运行时的真实速度，并确保安全钳作用时动作可靠，限速器绳必须被张紧。限速器动作时，限速绳的张紧力不得小于以下两个值的较大者：

1）300N。
2）安全钳装置起作用时所需力的两倍。

**5. 限速器的方向标记**

限速器上应标明与安全钳装置动作相应的旋转方向。

**6. 限速器绳**

限速器绳应选用柔性良好的钢丝绳，在安全钳装置作用期间，即使制动距离大于正常值，限速器绳及其附件也应保持完整无损。限速器绳的安全系数应不小于 8，公称直径应不小于 6mm，限速器绳轮的节圆直径与绳的公称直径之比应不小于 30。

限速器绳由安装于底坑的张紧装置予以张紧，张紧装置的重量应使正常运行的钢丝绳在限速器绳轮的槽内不打滑，且悬挂的限速器绳不摆动。张紧装置应有上下活动的导向装置。限速器绳轮和张紧轮的节圆直径应不小于所用限速器绳直径的 30 倍。为了防止限速器绳断裂或过度松弛而使张紧装置丧失作用，在张紧装置上应有电气安全触点，当发生上述情况时能切断安全电路使电梯停止运行。

**7. 限速器的响应时间**

限速器动作前的响应时间应足够短，不允许在安全钳装置动作前达到危险速度。

**8. 限速器可接近性**

限速器在任何情况下，都应是完全可接近的。若限速器装于井道内，则应能从井道外面接近它。

**9. 限速器动作速度的封记**

限速器的动作速度整定后，其调节部位应加封记。

**10. 限速器的电气安全装置**

在轿厢上行或下行的速度达到限速器动作速度之前，限速器或其他装置上的一个符合规范要求的电气安全装置使电梯驱动主机停转，但是对于额定速度不大于1m/s的电梯，电气安全装置动作允许推迟，具体规定为：

1）如果轿厢速度直到制动器作用瞬间仍与电源频率相关，则此电气安全装置最迟可在限速器达到其动作速度时起作用。

2）如果电梯在可变电压或连续调速的情况下运行，则最迟当轿厢速度达到额定速度的115%时，此电气安全装置应动作。

如果安全钳装置释放后，限速器未能自动复位，则在限速器处于动作状态期间，这个符合规范要求的电气安全装置应阻止电梯的起动。通过紧急电动运行开关或另一个电气安全装置起动时例外。

限速器动作后，应由电梯维保人员检查动作原因，排除故障后再使电梯恢复使用。

**11. 限速器绳的防断裂或松弛电气安全装置**

为了确保限速器绳始终在完好和张紧状况下运转，应借助一个符合规范要求的电气安全装置，在限速绳断裂或松弛时使电动机停止运转。

**12. 限速器标牌**

限速器上应有标牌。标牌上应标明限速器及电气保护开关（电气安全装置）的工作速度、动作速度、制造单位等内容。

**13. 限速器动作速度的校验**

对于没有限速器调试证书副本的新安装电梯和封记移动或动作出现异常的限速器及使用周期达到2年的限速器，应进行限速器动作速度校验。

## 3.3　安全钳

电梯安全钳是在限速器的操纵下，当电梯出现超速、断绳等非常严重的故障时，将轿厢紧急制停并夹持在导轨上的一种安全保护装置，如图3-5所示。它对电梯的安全运行提供有效的保护作用，一般将其安装在轿厢架或对重架上。随着轿厢上行超速保护要求的提出，现在双向安全钳也有较多得使用。

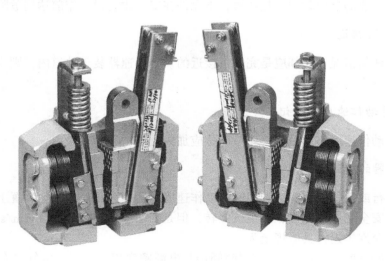

图 3-5　电梯安全钳

### 3.3.1　安全钳的种类与结构特点

目前电梯用安全钳，按照其制动元件结构形式不同可分为楔块型、偏心轮型和滚柱型三种；按照制停减速度（制停距离）不同可分为瞬时式和渐进式两种，应根据电梯额定速度和用途不同来区别选用安全钳。

**1. 瞬时式安全钳**

瞬时式安全钳也叫作刚性急停型安全钳，它的承载结构是刚性的，动作时产生很大的制停力，使轿厢立即停止。瞬时式安全钳的使用特点是：制停距离短，轿厢承受冲击严重，在制停过程中楔块型或其他类型的卡块将迅速地卡入导轨表面，从而使轿厢瞬间停止。滚柱型瞬时式安全钳的制停时间约为 0.1s；而双楔型瞬时式安全钳的瞬时制停力最高时的区段只有 0.01s 左右，整个制停距离也只有几十毫米乃至几个毫米，轿厢最大制停减速度约在 $5\sim10g$ [⊖] 甚至更大，而一般人员所能承受的瞬时减速度为 $2.5g$ 以下。由于上述特点，电梯及轿厢内的乘客或货物会受到非常剧烈的冲击，导致人员或货物伤损，因此瞬时式安全钳只能适用于额定速度不超过 0.63m/s 的电梯。

瞬时式安全钳按照制动元件结构形式不同可分为楔块型、偏心轮型和滚柱型三种，如楔块型瞬时式安全钳，其结构原理如图 3-6 所示，安全钳座一般用铸钢制成整体式结构，楔块用优质耐热钢制造，表面淬火使其有一定的硬度；为加大楔块与导轨工作面间的摩擦力，楔块工作面常制出齿状花纹。电梯正常运行时，楔块与导轨侧面保持 2~3mm 的间隙，楔块装于安全钳座内，并与安全钳拉杆相连。在电梯正常工作时，由于拉杆弹簧的张力作用，楔块

---

⊖　$g$ 为标准重力加速度，$9.81\mathrm{m/s^2}$。

保持固定位置，与导轨侧工作面的间隙保持不变。当限速器动作时，通过传动装置将拉杆提起，楔块沿安全钳座斜面上行并与导轨工作面贴合楔紧，随着轿厢的继续下行，楔紧作用增大，此时安全钳的制停动作就已经和操纵机构无关了，最终将轿厢制停。

为了减小楔块与钳体之间的摩擦，一般可在它们之间设置表面经硬化处理的镀铬滚柱，当安全钳动作时，楔块在滚柱上相对钳体运动。瞬时式安全钳实物如图 3-7 所示。

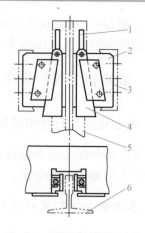

图 3-6　楔块型瞬时式安全钳
1—拉杆　2—安全钳座　3—轿厢下梁
4—楔（钳）块　5—导轨　6—盖板

2. 渐进式安全钳

渐进式安全钳又被称为滑移动作式安全钳，也叫作弹性滑移型安全钳。它能使制动力限制在一定范围内，并使轿厢在制停时有一定的滑移距离，它的制停力是有控制地逐渐增大或保持恒定值，使制停减速度不致很大。双向渐进式安全钳实物如图 3-8 所示。

图 3-7　瞬时式安全钳实物

图 3-8　双向渐进式安全钳实物

渐进式安全钳与瞬时式安全钳之间的根本区别在于其安全钳制动开始之后，其制动力并非是刚性固定的，而是增加了弹性元件，致使安全钳制动元件作用在导轨上的压力具有缓冲的余地，在一段较长的距离上制停轿厢，有效地使制动减速度减小，保证人员或货物的安全，渐进式安全钳均使用在额定速度大于 0.63m/s 的各类电梯上。

楔块型渐进式安全钳的结构原理如图 3-9 所示，它与瞬时式安全钳的根本区别在于钳座是弹性结构（弹簧装置），当楔块 3 被拉杆 2 提起，贴合在导轨上起制动作用时，楔块 3 通过导向滚柱 7 将推力传递给导向楔块 4，导向楔块后侧装置有弹

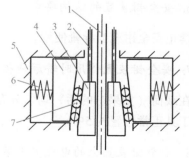

图 3-9　楔块型渐进式安全钳
1—导轨　2—拉杆　3—楔块　4—导向楔块
5—钳座　6—弹性元件　7—导向滚柱

性元件（弹簧），使楔块作用在导轨上的压力具有了一定的弹性，产生相对柔和的制停作用。增加导向滚柱 7 可以减少动作时的摩擦力，使安全钳动作后容易复位。

### 3.3.2 安全钳的使用条件与方法

**1. 安全钳装置的使用范围**

凡是由钢丝绳或链条悬挂的载客轿厢，都应设置安全钳，当底坑有过人的通道或空间时，对重也需要设置安全钳。

**2. 各类安全钳装置的使用条件**

若电梯额定速度大于 0.63m/s，轿厢应采用渐进式安全钳装置；若电梯额定速度小于或等于 0.63m/s，轿厢可采用瞬时式安全钳装置。

若轿厢有数套安全钳装置，则应全部采用渐进式安全钳装置。

若电梯额定速度大于 1m/s，对重安全钳装置应是渐进式，其他情况下可以采用瞬时式。

**3. 安全钳装置的控制方法**

轿厢和对重安全钳装置的动作应由各自的限速器来控制。（特殊情况：若电梯额定速度小于或等于 1m/s，对重安全钳装置可借助悬挂装置的断裂或借助一根安全绳来动作。）

禁止使用电气、液压或气压操纵装置来操纵安全钳装置。

**4. 安全钳制动时的减速度**

在装有额定载重量的轿厢自由下落时，渐进式安全钳装置制动时的平均减速度应为 $0.2g \sim 1.0g$。

**5. 安全钳动作后的释放**

只有将轿厢（或对重）提起，才有可能使轿厢（或对重）上的安全钳装置释放，安全钳装置经释放后应处于正常操纵状态，经过称职人员调整后，电梯才能恢复使用。

**6. 安全钳装置的结构要求**

禁止安全钳充当导靴使用。

**7. 安全钳装置作用时轿厢地板的允许倾斜度**

在载荷（如果有的话）均匀分布的情况下，安全钳装置动作后轿厢地板的倾斜度应不得大于其正常位置的 5%。

**8. 安全钳装置上的电气安全装置**

当轿厢安全钳装置作用时，其电气安全装置应在安全钳装置动作之前或同时，使电动机停转。该电气安全装置应符合规范要求。

## 3.4 缓冲器

　　缓冲器安装在井道底坑内，要求其安装牢固可靠，承载冲击能力强，缓冲器应与地面垂直并正对轿厢（或对重）下侧的缓冲板。缓冲器是一种吸收、消耗运动轿厢或对重的能量，使其减速停止，并对其提供最后一道安全保护的电梯安全装置。

　　电梯在运行中，由于安全钳失效、曳引轮槽摩擦力不足、抱闸制动力不足、曳引机出现机械故障、控制系统失灵等原因，轿厢（或对重）超越终端层站底层，并以较高的速度撞向缓冲器，由缓冲器起到缓冲作用，以避免电梯轿厢（或对重）直接蹲底或冲顶，保护乘客或运送货物及电梯设备的安全。

　　当轿厢（或对重）失控竖直下落时，具有相当大的动能，为尽可能减少和避免损失，就必须吸收和消耗轿厢（或对重）的能量，使其安全、减速平稳地停止在底坑。所以缓冲器的原理就是使轿厢（或对重）的动能、势能转化为一种无害或安全的能量形式。采用缓冲器将使运动着的轿厢（或对重）在一定的缓冲行程或时间内逐渐减速停止。

### 3.4.1 缓冲器的类型

　　缓冲器按照其工作原理不同，可分为蓄能型和耗能型两种。

#### 1. 蓄能型缓冲器

　　此类缓冲器又称为弹簧式缓冲器，当缓冲器受到轿厢（或对重）的冲击后，利用弹簧的变形吸收轿厢（或对重）的动能，并储存于弹簧内部；当弹簧被压缩到最大变形量后，弹簧会将此能量释放出来，对轿厢（或对重）产生反弹，此反弹会反复进行，直至能量耗尽弹力消失，轿厢（或对重）才完全静止。

　　蓄能型缓冲器（如图3-10所示）一般由缓冲橡胶、上缓冲座、缓冲弹簧、弹簧座等组成，用地脚螺栓固定在底坑基座上。

　　为了适应大吨位轿厢，缓冲弹簧由组合弹簧叠合而成。行程高度较大的蓄能型缓冲器，为了增强弹簧的稳定性，在弹簧下部设有导管（如图3-11所示）或在弹簧中设导向杆。

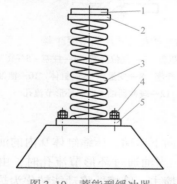

图3-10　蓄能型缓冲器

1—缓冲橡胶　2—上缓冲座　3—缓冲弹簧

4—地脚螺栓　5—弹簧座

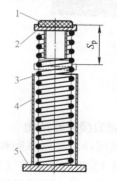

图3-11　带导管的蓄能型缓冲器

1—缓冲橡胶　2—上缓冲座　3—缓冲弹簧

4—外导管　5—弹簧座

蓄能型缓冲器的特点是缓冲后有回弹现象，存在缓冲不平稳的缺点，所以蓄能型缓冲器仅适用于额定速度小于1m/s的低速电梯。

近年来，人们为了克服蓄能型缓冲器容易生锈腐蚀等缺陷，开发出了聚氨酯缓冲器（如图3-12所示）。聚氨酯缓冲器是一种新型缓冲器，具有体积小、重量轻、软碰撞、无噪声、防水、防腐、耐油、安装方便、易保养、好维护、可减少底坑深度等特点，近年来在中低速电梯中得到应用。

图 3-12　聚氨酯缓冲器

**2. 耗能型缓冲器**

耗能型缓冲器又被称为油（液）压缓冲器，常用的耗能型缓冲器的外观如图3-13所示。油孔柱式耗能型缓冲器的结构原理如图3-14所示，它的基本构件是缸体9、柱塞4、缓冲橡胶垫1和复位弹簧3等。缸体内注有缓冲器油12。

图 3-13　耗能型缓冲器

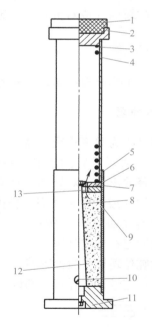

图 3-14　油孔柱式耗能型缓冲器

1—缓冲橡胶垫　2—压盖　3—复位弹簧　4—柱塞　5—密封盖
6—油缸套　7—弹簧托座　8—变量棒　9—缸体　10—泄油口
11—油缸座　12—缓冲器油　13—环形节流孔

**（1）耗能型缓冲器结构**

当耗能型缓冲器受到轿厢和对重的冲击时，柱塞4向下运动，压缩缸体9内的油，油通过环形节流孔13喷向柱塞腔（沿图中箭头方向流动）。当油通过环形节流孔时，由于流动截面积突然减小，就会形成涡流，使液体内的质点相互撞击、摩擦，将动能转化为热量散发掉，从而消耗了轿厢（或对重）的能量，使轿厢（或对重）逐渐缓慢地停下来。

油孔柱式耗能型缓冲器利用液体流动的阻尼作用，缓冲轿厢（或对重）的冲击。当轿厢（或对重）离开缓冲器时，柱塞4在复位弹簧3的作用下，向上复位，油重新流回油缸，恢复正常状态。

由于耗能型缓冲器是以消耗能量的方式实现缓冲的，因此无回弹作用，同时由于变量棒9的作用，柱塞在下压时，环形节流孔的截面积逐步变小，能使电梯的缓冲接近匀减速运动。因而，耗能型缓冲器具有良好的缓冲性能，在使用条件相同的情况下，耗能型缓冲器所需的行程可以比蓄能型缓冲器减少一半，所以耗能型缓冲器适用于快速和高速电梯。

（2）耗能型缓冲器分类及工作原理

常用的耗能型缓冲器有油孔柱式缓冲器、多孔式缓冲器、多槽式缓冲器等。

以上三种耗能型缓冲器的结构虽有所不同，但基本原理相同。即当轿厢（或对重）撞击缓冲器时，柱塞向下运动，压缩油缸内的油，使油通过节流孔外溢并升温，在制停轿厢（或对重）的过程中，其动能转化为油的热能，使轿厢（或对重）以一定的减速度逐渐停下来。当轿厢（或对重）离开缓冲器时，柱塞在复位弹簧的作用下复位，恢复正常状态。

### 3.4.2 缓冲器的作用与运行条件

缓冲器是电梯端站保护的最后一道安全装置。当电梯由于某种原因失去控制冲击缓冲器时，缓冲器能逐步吸收轿厢或对重对其施加的动能，迅速降低轿厢或对重的速度，直到停住，最终避免或减轻冲击可能造成的危害。

#### 1. 缓冲器的设置位置

缓冲器应设置在轿厢和对重行程底部的极限位置。

如果缓冲器随轿厢和对重运行，则在行程末端应设有与其相撞的支座，支座高度至少为0.5m（对重缓冲器在特殊情况下除外）。

#### 2. 缓冲器的适用范围

蓄能型缓冲器仅用于额定速度小于或等于1m/s的电梯；耗能型缓冲器可用于任何额定速度的电梯。

#### 3. 缓冲器的行程

蓄能型缓冲器可能的总行程（单位为m）应至少等于相应于115%额定速度的重力制停距离的两倍，即$0.135v^2$。但无论如何此行程不得小于65mm。

耗能型缓冲器可能的总行程应至少等于相应于115%额定速度的重力制停距离，即$0.0674v^2$。若对电梯在其行程末端的减速度进行监控，在计算耗能型缓冲器的行程时，可采用轿厢（对重）与缓冲器刚接触时的速度取代额定速度，但是行程不得小于：

1）当额定速度小于或等于4m/s时，行程为$1 \times 0.0674v^2/2$。但任何情况下，该行程应不小于0.42m。

2）当额定速度大于4m/s时，行程为$1 \times 0.0674v^2/3$，但在任何情况下，该行程应不小于0.54m。

**4. 耗能型缓冲器作用期间的平均减速度**

当装有额定载重量的轿厢自由下落时，缓冲器作用期间的平均减速度应不大于 $1g$。减速度超过 $2.5g$ 以上的作用时间应不大于 $0.04s$（所考虑的对缓冲器的冲击速度应等于用于计算缓冲器行程的速度）。

**5. 耗能型缓冲器的电气安全装置**

耗能型缓冲器应设符合规范要求的电气安全装置，以检查缓冲器的正常复位，保证在缓冲器动作后回复至其正常伸长位置后电梯才能运行。

### 3.4.3 缓冲器的数量

缓冲器使用的数量，要根据电梯额定速度和额定载重量确定。一般电梯会设置三个缓冲器，即轿厢下设置两个缓冲器，对重下设置一个缓冲器。

## 3.5 终端限位保护装置

终端限位保护装置的功能就是防止由于电梯电气系统失灵，轿厢到达顶层或底层后仍继续行驶（冲顶或蹲底），造成超限运行的事故。此类限位保护装置主要由强迫减速开关、终端限位开关、终端极限开关三类开关及相应的碰板、碰轮和联动机构组成（如图 3-15 所示）。

### 3.5.1 强迫减速开关

**1. 一般强迫减速开关**

强迫减速开关，是电梯失控有可能造成冲顶或蹲底时的第一道防线。强迫减速开关由上下两个开关组成，一般安装在井道的顶部和底部。当电梯失控，轿厢已到顶层或底层，而不能减速停车时，装在轿厢上的碰板，与强迫减速开关的碰轮相接触，使节点发出指令信号，迫使电梯减速停驶。

**2. 快速梯和高速梯用的端站强迫减速开关**

此装置包括分别固定在轿厢导轨上下端站处的打板，以及固定在轿厢顶上且具有多组触点的特制开关装置，开关装置部分如图 3-16 所示。

电梯运行时，设置在轿顶上的开关装置跟随轿厢上下运行，达到上下端站楼面之前，开关装置的橡胶滚轮左、右碰撞固定在轿厢导轨上的打板，橡

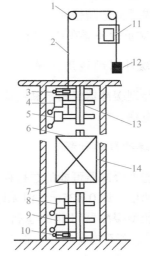

图 3-15　终端限位保护装置

1—导轨　2—钢丝绳　3—极限开关上碰轮
4—上限位开关　5—上强迫减速开关
6—上开关打板　7—下开关打板
8—下强迫减速开关　9—下限位开关
10—极限开关下碰轮　11—终端极限开关
12—张紧配重　13—导轨　14—轿厢

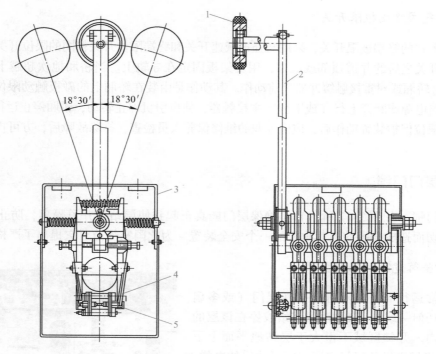

图 3-16　端站强迫减速开关装置
1—橡胶滚轮　2—连杆　3—盒　4—动触点　5—定触点

胶滚轮通过传动机构分别推动预定触点组依次切断相应的控制电路,强迫电梯到达端站楼面之前提前减速,在超越端站楼面一定距离时就立即停靠。

### 3.5.2　终端限位开关

终端限位开关由上、下两个开关组成,一般分别安装在井道顶部和底部,强迫减速开关之后,是电梯失控的第二道防线。当强迫减速开关未能使电梯减速停驶,轿厢越出顶层或底层位置后,上限位开关或下限位开关动作,切断控制电路,使曳引机断电并使制动器动作,迫使电梯停止运行。

### 3.5.3　终端极限开关

#### 1. 机械电气式终端极限开关

该极限开关是在强迫减速开关和终端限位开关失去作用,控制轿厢上行(或下行)的主接触器失电后仍不能释放时(例如接触器触点熔焊粘连、线圈铁心被油污粘住、衔铁或机械部分被卡死等),切断电梯供电电源,使曳引机停车并制动器制动。当轿厢地坎超越上、下端站地坎 200mm,轿厢(或对重)接触缓冲器之前,装在轿厢上的碰板与装在井道上、下端的上碰轮或下碰轮接触,牵动与装在机房墙上的极限开关相连的钢丝绳,使只有人工才能复位的极限开关动作,切断除照明和报警装置电源外的总电源。

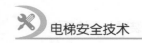

### 2. 电气式终端极限开关

这种形式的终端极限开关，采用与强迫减速开关和终端限位开关相同的限位开关，设置在终端限位开关之后的井道顶部或底部，用支架板固定在导轨上。当轿厢地坎超越上、下端站200mm，且轿厢或对重接触缓冲器之前动作。其动作是由装在轿厢上的碰板触动限位开关，切断安全回路电源或断开上行（或下行）主接触器，使曳引机停止转动，轿厢停止运行。

终端限位保护装置动作后，应由专职的维修保养人员检查，排除故障后，方可投入运行。

## 3.6 层门门锁

层门门锁（如图 3-17 所示）是确保层门能真正起到使层站与井道隔离，防止人员坠入井道或剪切而造成伤害的极其重要的一个安全装置。为此国家规范对它提出了严格的要求。

### 1. 对坠落危险的保护要求

在正常运行时，应不可能打开层门（或多扇层门中的任何一扇），除非轿厢停站或停在该层的开锁区域内。开锁区域不得大于层站地平面上下0.2m；用机械操纵的轿门和层门同时动作的电梯，开锁区域可增加到不大于层门地面上下0.35m。

图 3-17　层门门锁

### 2. 对剪切危险的保护要求

如果一扇层门（或多扇层门中的任何一扇门）开着，在正常操作情况下，应不可能起动电梯，也不可能使它保持运行，只能执行为轿厢运行做准备的预备操作。符合规范要求的特殊情况，如在开锁区域内的平层或再平层例外。

### 3. 锁紧要求

轿厢只能在层门门锁锁紧元件啮合不小于 7mm 时才能起动。切断电路的触点元件与机械锁紧装置之间的连接应是直接的和防止误动作的，必要时可以调节。锁紧元件应是耐冲击的，应用金属制造或加固。锁紧元件的啮合应能满足在朝着开门方向力的作用下，不降低锁住强度（沿着开门方向，在门锁高度处施以最小为 1000N 的力，门锁应无永久性变形）。层门门锁应由重力、永久磁铁或弹簧来保持其锁紧动作，即使永久磁铁或弹簧失效，重力亦不应导致开锁。若用弹簧来保持其锁紧，弹簧应在压缩状态下工作并有导向，其尺寸应保证在开锁时，弹簧圈应不会被并圈。如锁紧元件通过永久磁铁的作用保持其适当位置，则一种简单的方法（如加热或冲击）不能使其失效。锁紧装置应有保护措施防止积尘，工作部件应易于检查，例如采用一块可以观察的透明板。当门锁触点放在盒中时，盒盖的螺钉应是不脱出式的，这样在打开盒盖时螺钉仍能留在盒内或盖的孔中。

4. 紧急开锁要求

每个层门均应设紧急开锁装置，在一次紧急开锁以后，当无开锁动作时，锁闭装置在层门闭合下，不应保持开锁位置。开启紧急开锁的钥匙只能交给一个负责人员。钥匙应带有书面说明，详述必须采用的预防措施，以防开锁后未能重新锁上而引起事故。

在轿门驱动层门的情况下，当轿厢位于开锁区域以外时，若层门无论因何种原因而开启，一种层门自闭装置（可以利用重块或弹簧）应确保层门立即自动关闭。

5. 关于机械连接的多扇门组成的水平滑动门的要求

如果水平滑动门由几个直接机械连接的门扇组成，允许只锁紧其中的一扇门，只要这个单独锁紧的门扇能防止其他门扇的开启，并有一个验证层门闭合符合规范要求的电气安全装置装在一个门扇上。

如果水平滑动门由几个间接机械连接（如用钢丝绳、链条或皮带连接）的门扇组成，这种连接机构应能承受任何正常情况下能预计的力，应精心制造并定期检查。也允许只锁紧一扇门，只要这个单独锁住的门扇能防止其他门扇（应均未安装手柄）的开启，未被锁住的其他门扇应安装一个验证其关闭位置符合规范要求的电气安全装置。

6. 自动操纵门的关闭要求

正常使用中，在经过一段必要的时间后仍未得到轿厢运行的指令时，自动操纵层门应关闭。这段时间的长短可以根据使用电梯的客流量而定。

关门时，门刀向右推动滚轮带动层门移动，接近闭合位置时，关门碰轮被挡块挡住逆时针翻转，带动滚轮座翻转复位，使动滚轮脱离门刀，锁臂在弹簧力作用下与锁钩啮合，导电片接通开关，使电梯控制电路接通。

为在紧急状态时能从层门外开锁，每个层门均应有一个紧急开锁装置，以便在必要时从层站外打开层门。

## 3.7　超载限制装置

超载限制装置是一种设置在轿底、轿顶或机房，当轿厢超过额定负载时，能发出警告信号并使轿厢不能运行的安全装置。

设置超载限制装置是为了防止轿厢超载引起的机械构件损坏及因超载而可能造成的溜车下滑事故。

超载限制装置有机械式、橡胶块式、负载传感器式等类型。

机械式超载限制装置类似于一个磅秤。当轿厢超载时平衡杆触动相关的开关发出信号，同时切断电梯运行控制回路。其结构较笨重。

橡胶块式超载限制装置的作用原理是利用橡胶块受力后的变形来控制相应的开关。其结构简单，减震性好，但易老化失效。

负载传感器式超载限制装置是一种连续测量载荷的装置，它不但能防止超载，还能测量轿厢内的负载量来供电梯拖运系统选择起制动运行力矩曲线以及计算电梯负载的变化，使电

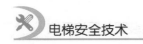 

梯可以合理地调度运行。

## 3.8 其他安全防护装置

电梯安全保护系统中所配备的安全保护装置一般由机械安全保护装置和电气安全保护装置两大部分组成，但是有一些机械安全保护装置往往需要和电气部分的功能配合，构成联锁装置才能实现其动作和功效的可靠性。

1. 轿厢顶部安全窗

安全窗是设在轿厢顶部的只能向外开的窗口。当轿厢因故障停在楼房两层中间时，司机可通过安全窗到达轿顶，再设法打开层门，维修人员在处理故障时也可利用安全窗。安全窗打开时，装于门上的触点断开，切断控制电路，此时电梯不能运行。由于控制电源被切断，可防止维修人员出入安全窗时因电梯突然起动而造成人身伤害事故。当出入安全窗时还必须先将电梯急停开关按下（如果有的话）或用钥匙将控制电源切断。为了安全，电梯司机不到非常情况不要从安全窗出入，更不要让乘客出入，因安全窗窗口较小，且离地面有两米多高，上下很不方便，停电时，轿顶很黑，又有各种装置，易发生人身事故，加之部分电梯轿顶未设置护栏，则更不安全。

2. 电梯急停开关

急停开关也称安全开关，是串接在电梯控制电路中的一种不能自动复位的手动开关。当遇到紧急情况或在轿顶、底坑、机房等处检修电梯时，为防止电梯的起动、运行，应将急停开关按下，切断控制电源以保证安全。

急停开关分别设置在轿厢内操纵箱上、轿顶操纵盒上、底坑内和机房控制柜壁上，有的电梯轿厢内操纵箱上不设此开关。

3. 可切断电梯电源的主开关

每台电梯在机房中都应装设一个能切断该电梯电源的主开关，并具有切断电梯正常行驶的最大电流的能力，如有多台电梯还应对各个主开关进行相应的编号。**注意**：主开关切断电源时不包括轿厢内、轿顶、机房和井道的照明、通风以及必须设置的电源插座等的供电电路。

4. 轿顶护栏

轿顶护栏是电梯维修人员在轿顶作业时的安全保护栏。护栏可以防止维修人员不慎坠落井道，就实践经验来看，设置护栏时应注意使护栏外围与井道内的其他设施（特别是对重）保持一定的安全距离，做到既可防止人员从轿顶坠落，又避免因扶、倚护栏造成人身伤害事故。在维修人员安全工作守则中可以写入"站在行驶中的轿顶上时，应站稳扶牢，不倚、靠护栏"和"与轿厢相对运动的对重及井道内其他设施保持安全距离"字样，以提醒维修作业人员重视安全。

### 5. 底坑对重侧防护栅

为防止人员进入底坑对重下侧而发生危险，在底坑对重侧两导轨间应设防护栅，防护栅高度为 0.7m 以上，距地 0.5m 装设。宽度不小于对重导轨两外侧的间距，防护网空格或穿孔尺寸，无论水平方向或垂直方向测量，均不得大于 75mm。

### 6. 轿厢护脚板

轿厢不平层，当轿厢地面（地坎）的位置高于层站地面时，会使轿厢与层门地坎之间产生间隙，这个间隙会使乘客的脚踏入井道，发生人身伤害。为此，国家标准规定，每一轿厢地坎上均需装设护脚板，其宽度是层站入口处的整个净宽。护脚板的垂直部分的高度应不少于 0.75m。垂直部分以下部分成斜面向下延伸，斜面与水平面的夹角大于 60°，该斜面在水平面上的投影深度不小于 20mm。护脚板用 2mm 厚铁板制成，装于轿厢地坎下侧且用扁铁支撑，以加强机械强度。

### 7. 制动器扳手与盘车手轮

电梯运行中若遇到突然停电造成电梯停止运行，电梯又没有停电自投运行设备，且轿厢又停在两层门之间，则乘客无法走出轿厢。此时就需要维修人员到机房用制动器扳手和盘车手轮两件工具人工操纵使轿厢就近停靠，以便疏导乘客。制动器扳手的式样因电梯抱闸装置的不同而不同，作用都是用它使制动器的抱闸脱开。盘车手轮是用来转动电动机主轴的轮状工具（有的电梯装有惯性轮，亦可操纵电动机转动）。操作时首先应切断电源由两人操作，即一人操作制动器扳手，一人盘动盘车手轮。两人须配合好，以免因制动器的抱闸被打开而未能把住手轮致使因对重的重量而造成轿厢快速行驶。一人打开抱闸，一人慢速转动手轮使轿厢向上移动，当轿厢移到接近平层位置时即可。制动器扳手和盘车手轮平时应放在明显位置并应涂以红漆醒目。

### 8. 超速保护开关

在速度大于 1m/s 的电梯限速器上都设有超速保护开关，在限速器的机械动作之前，此开关就得动作，切断控制回路，使电梯停止运行。有的限速器上安装两个超速保护开关，第一个开关动作使电梯自动减速，第二个开关才切断控制回路。对速度不大于 1m/s 的电梯，其限速器上的电气安全开关最迟在限速器达到其动作速度时起作用。

### 9. 曳引电动机的过载保护

电梯使用的电动机容量一般比较大，从几千瓦至十几千瓦。为了防止电动机过载后被烧毁而设置了热继电器过载保护装置。电梯电路中常采用的 JRO 系列热继电器是一种双金属片热继电器。两只热继电器的热元件分别接在曳引电动机快速和慢速的主电路中，当电动机过载超过一定时间，即电动机的电流大于额定电流时，热继电器中的双金属片经过一定时间后变形，从而断开串联在安全保护回路中的触点，保护电动机不因长期过载而烧毁。

现在也有将热敏电阻埋在电动机的绕组中，即当过载发热引起阻值变化时，经放大器放大使微型继电器吸合，断开其接在安全回路中的触点，从而切断控制回路，强令电梯停止运行。

10. 电梯控制系统中的短路保护

一般短路保护，是由不同容量的熔断器来实现的。熔断器利用的是低熔点、高电阻金属不能承受过大电流的特点，过大电流能使其熔断，即切断了电源，对电气设备起到保护作用。极限开关的熔断器为 RCIA 型插入式，熔体为软铅丝、片状或棍状。电梯电路中还采用了 RLI 系列蜗旋式熔断器和 RLS 系列螺旋式快速熔断器，用以保护半导体整流元件。

11. 供电系统相序和断相保护

当供电系统因某种原因致使三相动力线的相序与原相序有所不同时，有可能使电梯原定的运行方向变为相反的方向，从而给电梯运行造成极大的危险性；当电动机在电源断相下不正常运转时会导致电动机烧损。电梯控制电路中常采用相序继电器，当线路错相或断相时，相序继电器切断控制电路，使电梯不能运行。

但是，近几年由于电力电子器件和交流传动技术的发展，电梯的主驱动系统应用晶闸管直接供电给直流曳引电动机，此外以大功率器件 IGBT 为主体的交-直-交变频技术在交流调速电梯系统（VVVF）中的应用，使电梯系统工作与电源的相序无关。

12. 主电路方向接触器联锁装置

（1）电气联锁装置

交流双速及交流调速电梯运行方向的改变是通过主电路中的两只方向接触器改变供电相序来实现的。如果两接触器同时吸合，则会造成电气线路的短路。为防止短路故障，在方向接触器上设置了电气联锁，即上方向接触器的控制电路受到下方向接触器的辅助常闭触点控制，下方向接触器的控制电路受到上方向接触器辅助常闭触点控制。只有下方向接触器处于失电状态时，上方向接触器才能吸合，而下方向接触的吸合前提必须是上方向接触器处于失电状态。这样上下方向接触器形成电气联锁。

（2）机械联锁装置

为防止上下方向接触器电气联锁失灵，造成短路事故，在上下方向接触器之间，设有机械互锁装置。当上方向接触器吸合时，由于机械作用，限制下方向接触器的机械部分不能动作，使接触器触点不能闭合。当下方向接触器吸合时，上方向接触器触点也不能闭合，从而达到机械联锁的目的。

 思 考 题

1. 安全钳分为哪两类？其作用是什么？
2. 限速器的作用是什么？
3. 限速器绳预张力的作用是什么？
4. 缓冲器有哪几种？其作用是什么？
5. 液压缓冲器的作用原理是什么？
6. 层门门锁的作用是什么？
7. 超载限制装置的作用是什么？

# 第4章
# 电梯的安全使用与维修保养规程

据统计，2016 年，全国共发生电梯事故 48 起，死亡 41 人，事故数量和死亡人数均较2015 年有明显下降。但电梯安全问题依旧困扰着社会大众。为了改善上述问题，国家于2016 年印发了《特种设备安全监管改革顶层设计方案》，并组织了电梯安全攻坚战，效果显著。但电梯安全监管工作还需要相关部门的监督管理。为此，各地纷纷开始编制电梯安全监督管理办法。2017 年伊始，不少办法已经开始实施。

根据我国《特种设备安全监察条例》要求，特种设备使用单位对在用特种设备应当至少每月进行一次自行检查，并做记录。而对于电梯的使用则要求更为严格。据媒体报道，使用单位执行该项要求的情况不容乐观。调查发现，有些业主将自己小区或单位的电梯安全隐患反馈给物业或监管部门后，迟迟得不到解决；不少电梯里并没有应急救援电话以及维护单位标识；一些地方电梯使用标志已经过期，有的电梯使用标志和安全合格证是复印的，有的居然同号。

据了解，现在很多电梯的业主都通过第三方维保商对电梯进行维保，目的是为了节省成本。同时，当前，我国电梯维保行业鱼龙混杂，除了存在恶性竞争、维保工作不到位等问题，一些不具有特种设备安装资质的公司也想方设法进入电梯行业，这些都不可避免地成为电梯事故频发的原因。更严重的是，在电梯销售环节，有的代理商以低报价拿到合同，真正到安装时为省钱，不用一线品牌，选用多为小厂拼装的三线品牌产品，质量不过关，从源头上埋下安全隐患。

## 1. 加大电梯安全监管力度

为了更好地解决维保难题，我国加大了对电梯安全的监管力度，并开展了一系列的工作。例如，2016 年 2 月 23 日，国家质量监督检验检疫总局（质检总局）印发《特种设备安全监管改革顶层设计方案》，确定改革工作目标，到 2017 年底前，建立各级监管部门的权力清单和责任清单；建立基于风险分类监管的行政许可制度，基本完成检验改革和检验机构整合试点；推动与改革相适应的法律法规修订等。

再如，2016 年 3 月 31 日，质检总局印发了《质检总局 2016 年电梯安全攻坚战工作方案》。巩固 2015 年电梯大会战的成果，加强部门合作，攻坚克难、综合治理，继续做好大会战建档问题、电梯后续监管和服务工作，力争全面完成建档问题、电梯隐患整治工作，消除事故隐患和风险；以电梯应急处置服务平台为切入点，多种方式建设并不断完善平台功能等。

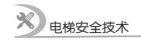
2. 电梯安全立法先行

2017 年一开年，大大小小的关于电梯安全的办法公布或实施，进一步彰显了我国加强电梯安全监管的决心。

2017 年 1 月 11 日，《湖南省电梯监督管理办法》立法起草工作顺利通过了湖南省政府法制办评估，该草案对电梯监管中涉及的选型配置、生产、经营、使用、维护保养、检验检测、安全技术评价、监督管理等各环节进行了法律规定，对违法行为设置了法律责任。

《河北省电梯安全管理办法》自 2017 年 3 月 1 日起施行。该办法指出，电梯改造必须由电梯制造单位或者其委托的依法取得相应许可的单位进行，电梯制造单位对改造后的电梯质量和安全性能负责。

《西安市电梯安全管理办法》自 2017 年 3 月 4 日起施行，该办法进一步加强了对电梯使用单位以及维护保养单位在使用环节的管理，明确电梯使用单位的界定。相关办法的陆续出台，将让我国的电梯安全更上一层楼。

电梯已经成为与人们日常生活关系非常密切的设备之一。人们在享受电梯的高速和舒适的同时，也饱受因电梯故障而带来的种种困扰。电梯的安全使用越来越受到社会的关注，与电梯安全运行相关的保障条件研究的紧迫性和重要性不言而喻。作为特种设备的电梯，由于使用的特殊性和发生危险后后果的严重性，应具有非常完备的安全保护系统，在投入使用前也应经过国家相关部门的技术检测机构的检测。电梯在完成安装、调试，并经质量技术监督部门特种设备安全监察机构验收合格，准予交付使用后，便进入了运行管理阶段。为了使电梯能够安全可靠地运行，充分发挥其应有的效益，延长使用寿命，必须在管理好、使用好、维修好上下功夫。这就需要建立相应的管理制度，使电梯的日常使用和维修保养规范化、制度化。电梯使用单位应根据《特种设备安全监察条例》的规定，结合电梯制造单位提供的电梯使用说明书中的要求，制订相应的管理制度，并予以落实。

## 4.1 安全生产的认知与教育

电梯是一种近年来迅速发展的机电类特种设备。由于发展历史短和电梯产品本身的特点，目前熟识掌握电梯结构、原理、使用、维修技能的技术人员和技术工人的数量与一般的机电设备比较，相对而言是较少的。

电梯也和其他机电设备一样，如果使用得当，有专人负责管理，由有许可证资格的专业单位和专业人员负责定期保养，出现故障能及时修理，并彻底把故障排除，不但可以减少停机待修时间，还能够延长电梯的使用寿命，提高使用效果，方便生活，促进生产的发展。相反，如果使用不当，又无专人负责管理和专业单位维修，不但不能发挥电梯的正常作用，还会降低电梯的使用寿命，甚至出现人身和设备事故，造成严重后果。

但是，由于电梯本身是一种高精度机电一体化的产品，并且有其特殊性，其安全性和可靠性是个系统工程，由标准、设计、制造、安装、维护保养以及使用管理等各个环节的有效控制来保证，其质量与多种因素相关。同时电梯的运行还受外部环境，如电源质量和停电等环节的影响，这些因素使电梯出现故障的可能性始终存在，而这些故障的存在对电梯的安全使用将构成极大的威胁，有可能引发一系列的电梯事故。通常情况下大部分设备事故是由于人的不安全行为、设备的不安全状态以及管理上的松懈和不完善所造成的。所以，我们可以运用系统安全工程原理，对诱发电梯安全事故的原因和目前电梯使用过程中存在的相关问题进行分析，并有针对性地提出相关的措施和建议，从而最大的限度地保障电梯的安全运行，减少电梯安全事故的发生。

实践证明，一部电梯的使用效果好坏，取决于电梯制造、安装、使用过程中管理和维修等几个方面。对于一部经安装调试合格的新电梯，交付使用后能否取得满意的使用效果，关键就在于对电梯的管理、使用、日常维护保养和修理等环节的把控。

## 4.2　电梯的管理

### 4.2.1　电梯产权单位和使用部门的职责

使用部门接收一部经安装调试合格的新电梯后，要做的第一件事就是指定专职或兼职的管理人员，以便电梯投入运行后，妥善处理在使用、维护保养、检查修理等方面的问题，确保电梯的安全使用，提高使用效果。电梯专兼职人员应做好以下工作：

1）了解国务院 2009 年修订颁布实施的《特种设备安全监察条例》的内容和精神。电梯的维修保养工作应由有电梯维修许可资格的单位、人员负责，确认本单位是否具备条件，如不具备条件，应及时委托具有许可资格的单位负责电梯的维修保养工作，并签订维修保养合同。

2）收取控制电梯厅外开关门锁开关的钥匙、操纵箱上电梯工作状态转换开关的钥匙、机房门锁的钥匙等。

3）根据本单位的具体情况，确定是否需要设电梯司机，如需要设电梯司机，应及时确定司机的人选，并送到有合适条件的单位代培。

4）收集和整理电梯的有关技术资料，具体包括井道及机房的土建资料、安装平面布置图、产品合格证书、电气控制说明书、电路原理图、安装接线图、易损件图册、安装说明书、使用维护说明书、装箱单位和备品备件的明细表、安装验收和检测记录以及安装验收时移交的资料和材料，并登记建账，妥为保管。

5）收集并妥善保管电梯设备、备件、附件、工具和电梯安装完工后剩余的各种安装材料，并登记建账，合理保管。

根据本单位的具体情况和条件，建立电梯管理、使用、维护保养和修理制度等。

### 4.2.2　电梯签约维保单位的职责

1）电梯签约维保单位应具有国家电梯行政主管部门颁发的电梯维修许可资质证。维保人员须经当地电梯行政主管部门指定的培训机构培训合格，持证上岗。

2）电梯签约维保单位至少每隔 15 日应上门对电梯进行一次清洁、润滑、调整和检查，对电梯的使用安全性能负责。

3）接到救援电话后，市区应在 30min 内赶赴现场开展救援工作，接到抢修报修电话后应火速赶赴现场维修，确保电梯乘客人身安全和电梯正常可靠运行。

配合电梯使用单位约请电梯检验单位适时做好电梯年检工作。

### 4.2.3  电梯制造企业的职责

1）委托安装、改造、修理企业产品的单位应具备相应的资质。

2）对产品的质量及运行安全质量负责。

3）负责产品安装后的检查、校验和调试并对其结果负责。

4）不生产明令禁止生产的淘汰落后产品。

## 4.3  电梯的安全使用

电梯是楼房里上下运送乘客或货物的垂直运输设备。根据电梯的运送任务及运行特点，确保电梯使用过程中人身和设备的安全是至关重要的。为此必须做到以下几点：

1）加强对电梯的管理，建立并坚持贯彻切实可行的规章制度。

2）有司机控制的电梯必须配备专职司机，无司机控制的电梯必须配备管理人员。除司机和管理人员外，如果本单位没有维修许可资格，应及时委托有维修许可资格的电梯专业维修单位负责维护保养。

3）制定并坚持贯彻司机、乘用人员的安全操作规程。

4）坚持监督维修单位按合同要求做好日常维护和预检修工作。

5）司机、管理人员等发现不安全因素时，应及时采取措施直至停止使用。

6）停用超过一周后重新使用时，使用前应经维修单位认真检查和试运行后方可交付继续使用。

7）电梯电气设备的一切金属外壳必须采取保护性接地或接零措施。

8）机房内应具备灭火设备。

9）照明电源和动力电源应分开供电。

10）电梯的工作条件和技术状态应符合随机技术和文件有关标准的规定。

### 4.3.1  电梯的安全操作方法

电梯的种类较多，性能也都不一样，就是同一种性能也有不同的操作方法。但是每一种电梯都有操纵箱，有的在轿厢外，上面集中地装置了使电梯运行的各种控制按钮和指示灯。电梯的自动化程度越高，电梯的操作程序越简单，但无论何种电梯，总是向上或向下运行的，按轿厢内的信号命令或各楼层的外呼信号的要求而起动、运行、减速、平层、停车开门。

另一方面，任何电梯在运行之前都必须先关闭轿门、层门，以保障乘客安全。电梯通过轿门锁及层门锁的电气联锁开关判断门已关好后，才起动运行。当电梯到达目的楼层后开门，以便乘客出入。

1. 杂物电梯（轿厢外按钮控制）

杂物电梯主要指不载人的电梯，一般载重量在500kg以下，轿厢高度不超过1.2m，轿厢面积不超过1.0m²，广泛用于工厂、饭店、图书馆等场所，做小型杂物的垂直运送。这类电梯操纵箱安置在每层层门一侧，由各层工作人员自行操作。

（1）操作方法

1）闭合电源开关，这类电梯的电源开关一般设于基站操纵箱下方。

2）开启层门、轿门，开亮箱内照明。注意电梯在本层时应开启，不在本层时应不开启。

3）装好货物。

4）关好轿门、层门并确认门锁已闭合。

5）按下所需到达的某一层站的按钮，电梯自动起动运行，到达预定层站时两控制电源切断使电梯失电，制动器刹车，电梯停止运行。

（2）使用注意点

这类电梯层门上均装有机械联锁，当电梯到站时，该层操纵箱上对应层灯亮、响铃或层楼数字显示到达该层。等候在层门口的工作人员看到电梯停稳后，即可以从轿厢外开启层门及轿门将货物提取。取出货物后，工作人员必须重新关好轿门及层门，厅外急停开关复位，这样使其他层站需要电梯时可以操作，也可揿按相应按钮将电梯送回原站。如未将层门、轿门关好，电梯就无法起动运行。操作这类电梯时，不要同时揿按两个按钮，以防电气设备损坏及货物不能到达目的层站。严格禁止把头或身体伸入井道内观察电梯位置及运行情况。

**2. 载货电梯**

（1）轿内手柄开关控制、自动平层、手动开门的操作方法

1）正常运行时的操作方法。使用这类操作方法的货梯是低速交流电梯，自动化程度低。电梯配有专职司机，司机用一只手柄开关控制电梯的运行，轿门上设有观察孔用于观察楼层。操纵方法如下：

① 在基站用层门机械钥匙将基站层门打开，确定轿厢停在基站（该层）后，进入轿厢，打开照明。

② 闭合电源钥匙开关，电源指示灯亮表示控制系统有电。

③ 装货物，注意均匀平衡、不超载。

④ 手动关好层门、轿门，注意使层门、轿门门锁开关接触好。

⑤ 将手柄开关操纵柄转换至操纵状态，将手柄扳到所需运行方向位置（操纵盘上有中文标注或箭头），这时电梯按预选方向起动，自动加速至额定速度运行。在运行中，司机不能松开手柄。

⑥ 当电梯运行至目的层前1m左右时（从观察孔可以看到标记线位置），司机将手柄松开回至中间零位，电梯自动从快速转换成慢速运行，进入门区平层位置后，自动停车。

⑦ 电梯自动停车后，手动开启轿门、层门。一次运行结束。

这类电梯轿门一般采用交栅门或有玻璃观察孔的封闭门，在电梯井道牛腿处及层门上标有醒目的层楼数字，以便司机随时观察电梯的运行方向及位置。司机必须掌握到站停车手柄松开时间，避免电梯运行过站再倒回来。

电梯在运行中不允许换向运行，需要换向时应先停在某个层站，再换向运行。

这类电梯一般无超载安全装置，司机要控制实际装载量，使其不超过电梯额定载重量。

应急按钮用于检修时短接门锁电路，平时不得使用，严禁开门走车。当与检修人员配合时或平层精度差需要在门区调平时，才可使用应急按钮。不得以慢速作为正常状态使用。运行时必须关好层门、轿门，以免他人误坠入井道。

此类电梯当有人呼梯（揿按层门外按钮）时，轿内呼梯铃响和呼梯指示灯亮。呼梯信号消除有自动、手动两种：自动时，轿内信号只有到达该层才自动消失；手动时，由司机揿按信号按钮消除呼梯信号。

2）检修情况下的操作方法。检修时，司机或检修人员进入轿厢，打开照明开关、电源开关，拨动检修开关（一般面板上标记为"慢车"），使电梯只能以检修速度（慢速）运行。

① 当按下应急按钮时，可以短接门锁，电梯能在层门、轿门不关闭情况下慢速运行。

② 检修运行时，要待维修人员指挥加口令信息确认后，司机才可起动电梯。

③ 司机根据维修人员口令要求，在按住应急按钮的同时，将手柄扳向电梯需要运行的方向，电梯即开门慢速起动运行。司机根据维修人员口令，松开手柄开关，电梯即停车。

④ 电梯检修完毕后，全部开关恢复到正常位置，并进行试车运行。

（2）轿内手柄开关控制、自动平层、自动开门的操作方法

在轿内手柄开关控制、自动平层电梯的基础上，加上自动门装置，就成了轿内手柄开关控制、自动平层、自动开门电梯。它的正常操作方法及检修操作方法与手动开门电梯类似，只是电梯起动前，当手柄扳到一半位置时，开关门电动机驱动轿门并带动层门关闭。层门、轿门关好后，将手柄扳到底，电梯就按预定方向起动运行。电梯到达目的层前1m左右，松开手柄开关，电梯自动平层，自动打开层门、轿门。

手柄控制电梯在上、下端站处，应严密注意井道层标，及时松手，以防冲顶或蹲底。当超过层标未松手时，电梯会由于轿厢碰板触到强迫减速开关而自动减速。当发现此时未能减速时，应立即松开手柄，待电梯自动平层停稳后，及时通知检修人员进行修理。

（3）轿内按钮控制、自动平层、手动开门的操作方法

这种电梯在操纵盘上采用了层楼按钮选层，取代了手柄，其操作方法与手柄开关控制基本相同。

1）司机用层门钥匙打开基站层门，确认轿厢在该层后进入轿厢，打开照明灯及电源。

2）手动打开轿门，装好货物，手动关好层门、轿门。

3）按下所需到达某一层站的按钮，在正常情况下，按钮灯亮表示电梯已应答，电梯自动起动、加速、匀速运行，到达预选层站前，电梯自动减速、平层、停车。

4）电梯停稳后，手动打开轿门、层门，一次运行结束。

此种电梯的检修操作方法与手柄开关控制操作相同，只是此类电梯用慢上、慢下按钮取代了手柄开关。

在轿内按钮控制、自动平层电梯的基础上，加上自动门装置，就成了轿内按钮控制、自动平层、自动开门电梯。它的操作更简便，它用关门按钮控制开关电动机，驱动轿门并带动层门关闭。作为货梯，一般无防夹人的安全装置，关门为点动关门。操作时，应先平稳装好货物，开关门过程中确定无阻挡且无人出入，这时按下目的层楼按钮，对应按钮应答灯亮，按下关门按钮关门，在关门过程中如发现有人出入应立即松手，门自动停止。连续按住关门按钮，轿门带动层门关闭且门锁接通后，电梯自动起动、加速、匀速运行，电梯运行后可松

开关门按钮，运行中门不会打开。到达预选层后，对应层按钮灯灭，自动减速、平层、停车开门。厅外有人召唤时，操纵盘上还没有对应的各层召唤显示灯。外召唤只起通知作用，当轿厢无货物时，可以登记选层，去召唤层运送货物。无超载装置时应注意货物重量及轿厢额定载重量，严禁超载运行。

### 3. 乘客电梯

（1）信号控制电梯

信号控制电梯设有专职司机，其自动化程度较高，但外呼信号在轿内只是显示，通知司机，不参与电梯运行控制，司机可在轿内对乘客要求进行轿内指令登记，然后只需按下方向起动按钮，电梯即可以顺向依次停靠。

1）操作方法如下（设电梯在基站准备向上运行）：

① 司机在厅外用钥匙打开电梯，轿门与层门自动开启。

② 开亮轿内照明灯。

③ 接通电源开关，电源指示灯点亮。

④ 按下消号按钮，使原有的召唤信号全部消去。

⑤ 乘客进入轿厢，司机应注意乘客人数不应超过额定人数。

⑥ 根据乘客的去向、要求及顺向召唤信号，司机在轿内进行指令登记。

⑦ 按向上起动按钮，电梯自动关门起动，加速后匀速运行。

⑧ 当电梯行驶到接近登记信号中的最近的层站时，就会自动减速、平层、停梯开门，一次运行结束。

之后，司机只需要复按向上起动按钮，电梯就会按照登记信号的层站依次逐层停靠。当停靠中又有乘客进入轿厢时，司机也必须对其去向进行登记。

2）使用注意事项。电梯在向上运行过程中，凡在电梯运行位置的上层站有向上召唤信号的，司机都要进行轿内登记；对向下召唤信号，应等待电梯行驶到最高层须向下运行时再进行登记。在电梯运行位置以下的层站有向上召唤信号的，则要等电梯回到基站第二次向上开始运行时才进行登记。

电梯向上运行到最高层或轿内已无乘客要求继续上行，电梯运行位置以上的层站有向下召唤信号时，司机可按向下起动按钮使电梯向下运行，返回基站。待电梯按召唤信号停站后，召唤信号自动被消号。

在操纵箱上设有一急停按钮，或无急停按钮但有一电源钥匙或司机检修转换开关。当电梯发生不正常情况时，可按急停按钮使电梯立即停止，或关闭电源钥匙或将司机状态转为检修状态，使电梯停止，以便及时采取措施，防止事故发生。当按起动按钮时，电梯自动关门，若由于门锁接触不良使电梯无法起动，则可按开门按钮开门，重新关门起动。

（2）集选控制电梯

集选控制电梯分有、无司机两种操作方式，其运行性能与信号控制电梯相似，但自动化程度更高。它不但有轿内外指令登记、自动开关门功能，在自动状态下还可自动应答厅外召唤，对厅外召唤可顺向截梯。当设有专职司机时，可将电梯设在司机操作方式进行操作。

这类电梯的设施比较完善，有轿厢重量称量装置，轿内有超载灯，当超载时，电梯门不能关闭，电梯也不能运行，司机应劝说后上者下梯卸载，待下次来接。厅外设有满员灯，当轿厢重量达到一定程度时，电梯不应答顺向外召唤而直驶通过，厅外满员灯通知厅外呼梯人员已满载，待下次接送。另外，操纵箱内也设有一直驶按钮，在司机操作方式下起作用，在乘客人数较多或有病人急用时，按住此钮，不应答目的层站内的顺向外召唤，而直接到达目的层站，此时，厅外满员灯也亮。

电梯门在司机操作方式下，为点动关门，操作时按住关门按钮（松开此按钮则门停止关闭），待电梯起动后松开。此外电梯设有防夹人安全保护装置，在关门过程中若有人突然进入，触碰到安全防夹装置或被光电防夹装置检测到，门自动打开，即使按住关门按钮也不起作用。

在司机操作方式下，外召唤可通知司机接人，司机按其要求的目的层进行轿内登记，将客人送到目的层。此功能即为顺向截梯。对与运行方向相反的外召唤，登记后，保存信号，待与其运行方向一致时，执行顺向截梯功能。可见外召唤参与了电梯的部分控制。

当电梯设在无司机（自动）操作方式时，电梯门自动延时关闭，当有外召唤信号时，电梯自动起动运行至外召唤信号层接送乘客。

在司机操作方式下，还有自动反向功能。一般在操纵盘下方设有一操纵盒，内设司机/自动/检修转换开关灯、风扇开关、急停开关等，另设有上、下及直驶按钮。当电梯在中间某层位置，且已登记了高层指令，电梯处于上行状态时，此时若有病人或其他人急需下行，可登记下行目的指令，关门以前，只需按下行按钮，则电梯自动改为下行方向，关门后电梯向下运行。当电梯设为无司机操作方式时，司机专用操纵盒必须锁好，防止他人拨动内部开关。有的电梯还设有"独立服务"或"专用"开关，其功能是，在此状态下，对外召唤信号一律不予应答，选层后点动关门，后松开关门按钮（或按目的层站按钮同时执行点动关门），到达目的层后自动平层开门，不关门，与司机状态相似。

当外召盒仅有一个方向召唤按钮时，则为单集选控制。仅有下召唤的为下集选，反之为上集选。

有多台电梯控制时，并联一般采用群控装置，可自动调度层召唤，提高电梯的使用率。集选控制电梯采用无司机操作方式，轿厢装有超载、满载装置，以保证电梯安全运行。无司机操作方式能自动延时关门，根据轿内指令和厅外召唤开往各层。

## 4.3.2  电梯的运行过程

一台电梯能正常安全运行，并经常处于良好状态，除了要求有好的电梯产品质量，安装技术符合国家规定技术条件及安装规范，并定期对电梯进行维护保养外，还要求电梯司机有较高的素质。一个素质高的司机能使自己操纵的电梯一直处于良好的运行状态，对平时电梯上出现的小问题应能自行解决，大问题能及时通知合格的维修人员处理，使电梯故障减少，电梯使用年限延长。若电梯的司机素质差，或电梯根本无人管理也无专门司机，这样的电梯较容易损坏，小毛病会造成大问题，大问题导致电梯停驶，严重的还会造成工伤事故。

为了确保乘客与设备的安全，电梯司机应由专职人员担任并经过专门培训，且考试合格，取得特种设备安全监督管理部门颁发的特种作业人员证，无操作证者不准上岗。对轿厢外操纵的杂物电梯，也必须有专人管理，使用人员也必须学习有关电梯运行的安全知识和使用中的注意事项，以确保电梯安全运行。当电梯发生如下故障时应停止运行进行检修：

1）当电梯层门、轿门关闭后，电梯不能起动运行时，应通知检修人员检查。

2）电梯行驶中如发生运行速度显著升高或降低的情况，应使电梯就近停站，将乘客送出轿厢，将电源开关或急停开关关闭，通知检修人员检查。

3）当发现层门或轿门未关闭而能起动电梯时，应立即将电梯停止使用，关闭电源，通知检修人员检查。

4）当发现电梯行驶方向与操纵方向或指令方向相反时，应立即停车，通知检修人员检查。

5）电梯行驶中，若突然停电，司机应首先切断电源，严肃劝阻乘客企图跳出轿厢等举动，并用通信设施与外部联系。

6）当平层准确度超过允许值较多时，应立即停车检修。

7）轿厢在运行中，当发觉有异响、噪声异常，有撞击声或较大振动、冲击时，应立即停止运行，关闭电源，通知维修人选检查。

8）电梯正常运行时，突然停止运行，司机应立即切断电源，通知维修人员检修。

9）当电梯超越端站位置仍继续运行时，说明极限保护开关无效，应立即关闭电源，或将急停开关切断，使制动器失电而制动，并通知检修人员。

## 4.4　电梯的安全操作规程

制定并严格贯彻落实司机、乘用人员、维修人员的安全操作规程，是安全使用电梯的重要环节之一，也是提高电梯使用效果和避免发生人身、设备事故的重要措施之一。其安全操作规程的主要内容一般如下。

### 4.4.1　司机和乘用人员的安全操作规程

#### 1. 行驶前的准备工作

1）在多班制的情况下，司机在上班前应做好交接班手续，了解电梯在上一班的运行情况。

2）开启层门进入轿厢之前，须注意电梯的轿厢是否停在该层站。

3）开始工作前（开放电梯前），对于有司机控制的电梯，司机应控制电梯上下试运行次数，观察并确定电梯的关门、起动、运行、选层、换速、平层停靠开门、信号登记和消号等性能和作用是否正常，有无异常的撞击声和噪声等。对于无司机控制的电梯，上述工作应由管理人员负责进行。

4）做好轿厢、层轿门及其他乘用人员可见部分的卫生工作。

#### 2. 使用过程中的注意事项

1）有司机控制的电梯，司机在工作时间内需要离开轿厢时，应将电梯开到基站，在操纵箱上切断电梯的控制电源，用专用钥匙扭动厅外召唤箱上控制开关门的钥匙开关，把电梯门关好。

2）严格禁止乘用人员随便扳弄操纵箱上的门开关和按钮等电器元件。

3）轿厢载重应不超过电梯的额定载重量。如遇到特殊情况，也不得超过电梯额定载重量的110%，且不允许连续超载运行。

4）装运易燃易爆等危险物品时，须预先通知司机或管理部门，以便采取稳妥的安全措施。

5）严禁在开启轿门的情况下，通过短路门锁电路，控制电梯以慢速当作正常运载行驶。除在特殊情况下外，不允许使用电梯的慢速检修状态当作正常运送任务行驶。

6）不得通过扳动电源开关或按急停按钮等方法，作为一般正常运行中的消号。

7）不得通过开启安全窗的方法搬运长件货物。

8）乘用人员进入轿厢后，切勿依靠轿门，以防电梯起动关门或停靠开门时碰撞乘用人员或夹住衣物等。

9）轿厢顶部除电梯自身的设备外，不得放置其他货物。

10）电梯在运行过程中不得突然换向。必须换向时应在电梯停靠后再换向行驶。

11）手柄开关控制的电梯，在运行过程中发生中途停电时，司机应立即将手柄开关放回原位，防止来电后突然起动运行发生事故。

12）手柄开关控制的电梯，不允许将厅门、轿门电联锁开关，作为控制电梯开或停的控制开关。

13）运送重量大的货物时，应将物件放置在轿厢的中间位置上，防止轿厢倾斜。

14）司机、乘用人员及其他任何人员，均不允许在厅门、轿门中间停留谈话。

15）载货电梯在装货过程中发生溜车时，轿内司机或乘用人员不允许从轿门跳离轿厢。

**3. 发生下列现象之一时，应立即停机并通知维修人员检修**

1）司机做完轿内指令登记和关闭厅门、轿门后，电梯不能起动。

2）在厅门、轿门开启的情况下，在轿内按下指令按钮或扳动手柄开关能起动电梯。

3）到达预选层站时，电梯不能自动提前换速，或者虽能自动提前换速，但平层时不能自动停靠或者停靠后差距过大，或者停靠后不能自动开门。

4）电梯在额定速度下运行时，限速器和安全钳动作刹车。

5）电梯在运行过程中，在没有轿内外指令登记信号的层站，电梯能自动换速和平层停靠开门，或中途停车。

6）在厅外能把厅门扒开。

7）人体碰触电梯部件的金属外壳时有触电现象。

8）熔断器频繁烧断或者空气开关频繁跳闸。

9）元器件损坏，信号失灵，无照明。

10）电梯在起动、运行、停靠开门过程中有异常的噪声、响声、振动等。

**4. 使用完毕关闭电梯的注意事项**

使用完毕关闭电梯时，应将电梯开到基站，把操纵箱上的电源、信号、照明灯的开关复位，将电梯门关闭妥当。

5. 发生下列情况之一时应采取相应措施

1）电梯在运行过程中超速，超越端站楼面继续运行，出现异常响声和冲击振动，有异常气味等。

2）电梯在运行中突然停车，在未查清事故原因之前应切断电源，指挥乘客撤离轿厢，若轿厢不在层门处，应设法通知维修人员到机房用盘车手轮盘车，使电梯在层门处停平。

3）发生火灾时，司机和乘用人员要保持镇定，把电梯就近开到安全的层站停车，并迅速撤离轿厢，关闭好厅门，停止正常使用。

## 4.4.2  维修人员的安全操作规程

### 1. 维护修理前的安全准备工作

1）轿厢内或入口的明显处应挂上"检修停用"标牌。

2）让无关人员离开轿厢或其他检修工作场地，关好层门，不能关闭层门时，需用合适的护栅挡住入口处，以防无关人员进入电梯。

3）检修电气设备时，一般应切断电源或采取适当的安全措施。

4）一个人在轿顶上做检修工作时，必须按下轿顶检修箱上的急停按钮，或扳动安全钳的联动开关，关好层门，在操纵箱上挂"人在轿顶，不准乱动"的标牌。

### 2. 检修过程中的安全注意事项

1）给转动部位加油、清洗，或观察钢丝绳的磨损情况时，必须停闭电梯。

2）人在轿顶上工作时，站立之处应有选择，脚下不得有油污，否则应该打扫干净，以防滑倒。

3）人在轿顶上准备起动电梯以观察有关电梯部件的工作情况时，必须牢牢握住轿厢绳头板、轿架上梁或防护栅栏等机件。不能握住钢丝绳，并注意整个身体置于轿厢外框尺寸之内，防止被其他部件碰伤。需由轿内的司机或检修人员起动电梯时，要交代和配合好，未经许可不准起动电梯。

4）在多台电梯共用一个井道的情况下，检修电梯应加倍小心，除注意本电梯的情况外，还应注意其他电梯的动态，以防被其碰撞。

5）禁止在井道内和轿顶上吸烟。

6）检修电气部件时应尽可能避免带电作业，必须带电操作或难以在完全切断电源的情况下操作时，应预防触电，并和助手协同进行作业，应注意电梯突然起动运行。

7）使用的手灯必须采用带护罩的、电压为36V以下的安全灯。

8）严禁维修人员站在井道外探身到井道内，以及两只脚分别站在轿厢顶与层门上坎之间或层门上坎与轿厢踏板之间进行长时间的检修操作。

9）进入底坑后，应将底坑检修箱上的急停开关或限速张紧装置的断绳开关断开。

## 4.5 电梯的维护保养、检查调整与修理

### 4.5.1 电梯的维护保养与预检修

新安装的电梯投入使用后，维修人员、管理人员和司机应同心协力，密切配合。对于有司机操作控制的电梯，维修人员应定期向司机了解电梯的运行情况；对于无专职司机操作控制的电梯，维修人员也应定期向管理人员了解电梯使用运行过程中出现的问题，并通过电梯上、下试运行操作以及眼看、耳听、鼻闻、手摸，乃至用必要的工具和仪器进行实地检测检查，随时掌握电梯的运行情况和各部件的技术状态是否良好，发现问题应及时处理。

为了确保电梯能安全、可靠地运行，维护人员除应加强日常维护保养外，还应根据电梯使用频繁程度，按随机技术文件的要求，制定切实可行的日常维护保养和预检修计划。制定预检修计划时一般可按每半月、每月、每三个月、每半年、每年、每3~5年等为周期，并根据随机技术文件的要求和使用单位的特点，确定各阶段的维修内容，进行轮番维护保养和预检修，维护保养和检修过程中应做好记录。各周期的主要工作内容见表4-1~表4-4。

表4-1 电梯机房、井道及其零部件的环境卫生项目内容及周期

| 序 号 | 工 作 内 容 | 周 期 |
|---|---|---|
| 1.1 | 保持召唤箱、操纵箱面板及外露零件表面、层门板面、轿壁板面的清洁。清扫轿门、层门踏板槽内的积灰 | 每半月 |
| 1.2 | 清扫机房地面、门窗、控制柜、曳引机、承重梁、限速器表面的积灰 | 每月 |
| 1.3 | 清扫轿顶板、轿架上梁、开关门机构、轿顶检修箱、接线盒表面的积灰 | 每三个月 |
| 1.4 | 清扫导轨、导轨架、随行电缆、端站限位装置、底坑检修箱、底坑地面、轿厢吊顶的积灰 | 每半年 |
| 1.5 | 全面清扫机房、井道、底坑、全部电梯部件的积灰，清扫乘用人员可见电梯部件表面上的积灰和污物 | 每年 |

表4-2 电梯机械零部件的维保项目内容及周期

| 序 号 | | 机件名称 | 部 位 | 作 业 内 容 | 周 期 |
|---|---|---|---|---|---|
| 2.1 | 2.1.1 | 曳引机 | 油箱 | 新梯换油 | 每年 |
| | 2.1.2 | | | 老梯换油视使用频率而定 | 每2~3年 |
| | 2.1.3 | | 涡轮轴滚动轴承 | 补充注油 | 每半月 |
| | 2.1.4 | | | 清洗换油 | 每年 |
| | 2.1.5 | | 制动器销轴 | 补充注油 | 每半月 |
| | 2.1.6 | | 制动器电磁铁心和铜套 | 检查清洗、更换润滑剂 | 每半月 |
| | 2.1.7 | | 曳引电动机滑动轴承 | 补充注油 | 每半月 |
| | 2.1.8 | | | 清洗换油 | 每年 |
| | 2.1.9 | | 曳引电动机滑动轴承 | 补充注油 | 每半月 |

(续)

| 序 号 | | 机件名称 | 部 位 | 作 业 内 容 | 周 期 |
|---|---|---|---|---|---|
| 2.2 | 2.2.1 | 导向轮、轿顶轮、对重轮 | 轴与轴套之间 | 补充注油 | 每半月 |
| | 2.2.2 | | | 拆卸换油 | 每1~2年 |
| 2.3 | 2.3 | 导轨 | 加油盒 | 补充注油 | 每半月 |
| 2.4 | 2.4.1 | 开关门机构 | 吊门滚轮及门锁轴承 | 补充注油 | 每月 |
| | 2.4.2 | | 门滚轮滑道 | 擦洗补油 | 每月 |
| | 2.4.3 | | 门电动机轴承 | 补充注油 | 每月 |
| 2.5 | 2.5 | 限速装置 | 限速器轮轴、张紧轮轴 | 补充注油 | 每三个月 |
| 2.6 | 2.6 | 安全钳 | 传动机构 | 补充注油 | 每三个月 |
| 2.7 | 2.7 | 油压缓冲器 | 液压缸 | 补充注油 | 每三个月 |

表4-3 电梯机械零部件的检查调整项目内容及周期

| 序 号 | | 机件名称 | 部 位 | 作业内容及要求 | 周 期 |
|---|---|---|---|---|---|
| 3.1 | 3.1.1 | 曳引机 | 闸皮与制动轮间隙 | 四角应大于1.2mm，平均不大于0.7mm | 每半月 |
| | 3.1.2 | | 蜗轮副 | 检查啮合面和间隙是否合适 | 每半年 |
| | 3.1.3 | | 运行噪声 | 电梯上、下运行应无异常噪声 | 每半月 |
| 3.2 | 3.2.1 | 曳引绳 | 张力差 | 各绳差应不大于5% | 每半年 |
| | 3.2.2 | | 伸长 | 缓冲距离应在标准规定范围内 | 每三个月 |
| | 3.2.3 | | 磨损 | 检查有无断丝，绳直径应不小于原直径90% | 新梯每年 |
| | 3.2.4 | | | | 老梯每半年 |
| 3.3 | 3.3.1 | 曳引绳锥套 | 噪声 | 电梯上、下运行时应无异常噪声 | 每半月 |
| | 3.3.2 | | 调节螺母 | 应无松动 | 每半年 |
| | 3.3.3 | | 开口销 | 应卡好 | 每半年 |
| 3.4 | 3.4.1 | 限速装置 | 噪声 | 电梯上、下运行时应无异常噪声 | 每三个月 |
| | 3.4.2 | | 限速器绳 | 检查是否伸长，张紧装置与断绳开关的距离应合适 | |
| 3.5 | 3.5.1 | 安全钳 | 楔块与导轨侧工作面间隙 | 应在1.5~2.5mm范围内 | 每三个月 |
| | 3.5.2 | | 楔块与拉杆 | 应紧固 | 每三个月 |
| | 3.5.3 | | 拉杆与传动机构 | 应灵活可靠 | 每三个月 |

（续）

| 序　号 | | 机件名称 | 部　　位 | 作业内容及要求 | 周　期 |
|---|---|---|---|---|---|
| 3.6 | 3.6.1 | 开关门机构 | 传动机构 | 应灵活可靠 | 每月 |
| | 3.6.2 | | 传动带 | 应无破损 | 每月 |
| | 3.6.3 | | 打板与限位开关 | 应无松动、碰打压力应合适 | 每月 |
| | 3.6.4 | | 开关门速度 | 应合适 | 每月 |
| 3.7 | 3.7.1 | 对重装置 | 噪声 | 电梯运行时应无异常噪声 | 每半月 |
| | 3.7.2 | | 对重铁 | 应紧压，无窜动 | 每半年 |
| 3.8 | 3.8.1 | 层门 | 门扇与踏板 | 间隙应在 2~6mm 范围内 | 每月 |
| | 3.8.2 | | 门滑块 | 应完好，应无严重磨损情况 | 每月 |
| | 3.8.3 | | 吊门滚轮与导轨 | 滚轮应无磨损，转动应灵活自如 | 每月 |
| | 3.8.4 | | 门锁与门刀 | 相对位置应满足标准规定要求 | 每月 |
| | 3.8.5 | | 门锁轮与踏板 | 距离应满足标准规定要求 | 每月 |
| 3.9 | 3.9.1 | 导轨 | 正侧工作面铅垂度 | 每 5m 不大于 ±0.5mm | 每年 |
| | 3.9.2 | | 压板螺栓 | 应无松动 | 每年 |
| 3.10 | 3.10.1 | 缓冲器 | 外观 | 应无生锈和异常 | 每年 |
| | 3.10.2 | | 紧固螺栓 | 应无松动 | 每年 |
| 3.11 | 3.11 | 强迫关门装置 | 作用力 | 门刀脱离门锁轮时层门应能自行关闭 | 每月 |
| 3.12 | 3.12.1 | 导靴 | 靴衬 | 磨损较严重者应及时更换 | 每月 |
| | 3.12.2 | | 靴衬与导轨 | 接触压力应合适 | 每月 |

表 4-4　电梯电气零部件及元器件的检查调整项目内容及周期

| 序　号 | | 机件名称 | 部　　位 | 作业内容及要求 | 周　期 |
|---|---|---|---|---|---|
| 4.1 | 4.1.1 | 曳引机 | 曳引电动机电源 | 测量电动机电源引入线电压与额定电压的误差应不大于 ±7% | 每半月 |
| | 4.1.2 | | 制动器线圈 | 引入线连接螺钉应无松动 | 每三个月 |
| | 4.1.3 | | | 电压应正常 | 每半月 |
| 4.2 | 4.2.1 | 限速装置 | 限速器开关 | 作用应可靠 | 每半月 |
| | 4.2.2 | | 断绳开关 | 与打板的距离应合适，作用应可靠 | 每月 |
| 4.3 | 4.3 | 安全钳 | 安全钳开关 | 与打板相对位置应合适，作用应可靠 | 每月 |
| 4.4 | 4.4.1 | 电源总开关、照明总开关 | 压线螺钉 | 应无松动 | 每三个月 |
| | 4.4.2 | | 主触点 | 应无烧损情况，接触应良好 | 每三个月 |
| | 4.4.3 | | 熔断器 | 熔丝应紧固 | 每三个月 |

（续）

| 序　号 | | 机件名称 | 部　位 | 作业内容及要求 | 周　期 |
|---|---|---|---|---|---|
| 4.5 | 4.5.1 | 控制柜 | 元器件积灰 | 清扫元器件上的积灰 | 每三个月 |
| | 4.5.2 | | 接触器主触点 | 应无烧损 | 每三个月 |
| | 4.5.3 | | 噪声 | 接触器、继电器吸合过程和吸合后噪声应无异常 | 每半月 |
| | 4.5.4 | | 各元器件 | 温升应在规定范围内 | 每半月 |
| | 4.5.5 | | | 压线螺母应无松动 | 每半年 |
| | 4.5.6 | | 各电压等级 | 应无明显变化 | 每三个月 |
| 4.6 | 4.6 | 轿顶、底坑 | 各元器件 | 作用应可靠 | 每三个月 |
| 4.7 | 4.7.1 | 操纵箱和召唤箱 | 各元器件 | 各元器件作用应可靠，按钮的辉光显示应正常 | 每半月 |
| | 4.7.2 | | 压线螺钉 | 应无松动 | 每年 |
| 4.8 | 4.8 | 门电联锁 | 安全触点 | 接触压力应合适，作用应可靠 | 每半月 |
| 4.9 | 4.9.1 | 端站限位装置 | 打板 | 铅垂度应不大于 ±1mm | 每三个月 |
| | 4.9.2 | | 碰打压力 | 应适中 | 每月 |
| | 4.9.3 | | 开关 | 动作应灵活，作用应可靠 | 每月 |
| 4.10 | 4.10.1 | 随行电线 | 固定点 | 应无松动 | 每年 |
| | 4.10.2 | | 电梯运行过程 | 应无碰撞情况 | 每半年 |
| 4.11 | 4.11.1 | 换速平层装置 | 隔瓷板或隔光板 | 铅垂度应不大 ±1mm，紧固螺钉应无松动 | 每年 |
| | 4.11.2 | | 传感器或光电开关 | 作用应可靠，引出线压紧螺母、压紧螺钉应无松动 | 每三个月 |
| 4.12 | 4.12 | 轿厢照明、井道照明 | 照明灯 | 更换烧毁或损坏灯泡 | 每半月 |

## 4.5.2　主要零部件的检查调整与修理

### 1. 主要机械部件的检查调整与修理

（1）曳引机（有蜗杆减速器）

1）蜗杆减速器。蜗杆减速器运行时应平稳无振动，蜗轮与蜗杆轴向游隙一般应符合表4-5 或随机技术文件的规定。

表4-5　蜗轮和蜗杆轴向游隙　　　　　　　　　　　　（单位：mm）

| 中心距 | 100～200 | >200～300 | >300 |
|---|---|---|---|
| 蜗杆轴向游隙 | 0.07～0.12 | 0.10～0.15 | 0.12～0.17 |
| 蜗轮轴向游隙 | 0.02～0.04 | 0.02～0.04 | 0.03～0.05 |

电梯经长期运行后，由于磨损使蜗杆副的齿侧间隙增大，或由于蜗杆的推力轴承磨损造成轴向窜动超差，都会使电梯换向运行时产生较大的冲击。若检修过程中实测结果超过表4-5的规定时，应及时更换中心距调整垫片和轴承盖垫片，或更换轴承。

油箱中的润滑油在环境温度−5~+40℃的范围内，可采用表4-6所列的规格。

表4-6　减速箱润滑油型号

| 名称 | 型号 | 100℃时黏度 | |
|---|---|---|---|
| | | 动力黏度/厘池 | 动力黏度/°E100 |
| 齿轮油（SYB1103~620） | HL−20（冬季） | 17.9~22.1 | 2.7~3.2 |
| 齿轮油（SYB1103~620） | HL−30（夏季） | 28.4~32.3 | 4.0~4.5 |
| 轧钢机油（SYB1224~655） | HJ3−28号 | 26~30 | 3.68~4.2 |

窥视孔、轴承盖与箱体的连接应紧密不漏油。对于蜗杆伸出端用盘根密封，不宜将压盘根的端盖挤压过紧，应调整盘根端盖的压力，使出油孔的滴油量以每3~5min滴一滴为宜。

在一般情况下，每年应更换一次减速箱的润滑油。对新安装后投入使用的电梯，在开始的半年内，应经常检查箱内润滑油的清洁度，发现杂质应及时更换，对使用不太频繁的电梯，可根据润滑油的黏度和杂质情况确定换油时间。

在正常工作条件下，机件和轴承的温度应不高于80℃，没有不均匀的噪声或撞击声，否则应检查处理。

2）制动器。制动器的动作应灵活可靠。抱闸时闸瓦与制动轮工作表面应吻合，松闸时两侧闸瓦应同时离开制动轮的工作表面，其间隙应不大于0.7mm，并间隙均匀。

制动带（闸皮）的工作表面应无油垢，制动带的磨损超过其厚度的1/4或已露出铆钉头时应及时更换。

轴销处应灵活可靠，可用机油润滑。电磁铁的可动铁心在铜套内滑动应灵活，可用石墨粉润滑。制动器线圈引出线的接头应无松动，线圈的温升不得超过60℃。

当闸瓦上的制动带经长期磨损后与制动轮工作面间隙增大，影响制动性能或产生冲击声时，应调整衔铁与闸瓦臂的连接螺母，使其符合要求。通过调整制动簧两端的螺母使压力合适，在确保安全可靠和能满足平层准确度的情况下，应尽可能提高电梯的乘坐舒适感。

3）曳引电动机。电动机与底座的连接螺栓应紧固。电动机轴与蜗杆连接后的不同轴度：对于刚性连接应不大于0.02mm；对于弹性连接应不大于0.1mm。

电动机两端轴承贮油槽中的油位应保持在油位线上，至少应达到油位线高度的一半。同时还应该经常注意油的清洁度，发现杂物时应及时更换新油。换油时，应把油槽中的油全部放出，并用汽油清洗后，再注入新油。在正常情况下，轴承的温升不得超过80℃。由于轴承磨损而产生不均匀的异常噪声时，或造成电动机转子（或电枢）的偏转量超过0.2mm时，应及时更换轴承。

对于直流电动机，电刷必须与换向器的工作面保持良好的接触，接触压力应为1.47~2.45MPa，在刷盒内应滑动自如。换向器的工作表面应光洁，若表面粗糙或有烧焦现象时，只允许用00号细砂纸在电动机转动下研磨；如表面过于不平或椭圆度较大时，应进行车削加工，不允许用粗砂纸打磨，严禁用粗砂纸或金刚砂纸研磨。

电动机的绝缘电阻值应不小于0.5MΩ，低于规定值时，应用汽油、甲苯或冷四氯化碳清除绝缘上的异物，并经烘干后再喷涂绝缘漆，以确保绝缘电阻不小于 0.5MΩ。

4）曳引绳轮。检查各曳引绳的张力是否均匀，防止由于各曳引绳的张力不匀，而造成曳引绳槽的磨损量不一。测量各曳引绳顶端至曳引轮上轮缘间的距离，如达到 1.5mm 以上，应就地重车或更换曳引绳轮。

检查各曳引绳低端与绳轮槽底的距离，防止曳引绳落到槽底后产生严重滑移或减少曳引机曳引力的情况。经检查，有任一曳引绳的低端与槽底的间隙小于 1mm 时，绳槽应重车或更换曳引绳轮。但重车后，绳槽底与绳轮下轮缘间的距离不得小于相应曳引绳的直径。

5）测速装置。各类闭环调速电梯电气控制系统的测速装置采用直流测速发电机时，每季度应检查一次电刷的磨损情况，如磨损情况严重，应修复或更换，并清除发电机内的炭末，给轴承注入钙基润滑脂；采用光电开关时，每半年应用酒精棉球擦去发射管和接收管上的积灰；采用旋转编码器时，每三个月应检查紧固螺丝有无松动，运转是否自如。

（2）限速器和安全钳

限速器和安全钳的动作应灵活可靠，在额定速度下运行时，应没有异常噪声，转动部位应保持良好的润滑状态，油杯内应装满钙基润滑脂。限速器绳索伸长到规定范围外，而且碰触断绳开关时，应及时将绳索截短，防止因此而切断控制电路，影响电梯的正常运行。限速器钢丝绳更换要求与曳引绳相同。限速器的夹绳部位应保持干净无油垢。

安全钳的传动机构动作应灵活，转动部位应用机油润滑。安全嘴内的滑动、滚动机件应涂适量的凡士林，以润滑和防锈。楔块与导轨工作面的距离应为 2~3mm，且间隙均匀。

（3）自动门机构和层轿门

对于仍采用传统技术的开关门机构，应定期检查开关门电动机电刷及炭末，磨损严重时应及时修复或更换。电动机轴承应定期加钙基润滑脂，定期清洗并更换新的润滑脂。

减速机构的传动带张力应适合，由于传送带伸长而造成打滑时，应适当调整传送带轮的偏心轴和电动机底座螺钉，使传送带适当张紧。

吊门滚轮在门导轨上运行时，应轻快并无跳动和噪声。门导轨应保持清洁，定期擦洗并涂少量润滑油。因吊门滚轮磨损，使门扇落下，门扇与踏板间隙小于 4mm 时，应更换新滚轮。挡轮与导轨下端面的间隙应为 0.5mm，否则应适当调整固定挡轮的偏心轴。

安全触板及其控制的微动开关动作应灵活可靠，其碰撞力应不大于 4.9N。

（4）导轨和导靴

采用滑动导靴时，对于无自动润滑装置的轿厢导轨和对重导轨应定期涂钙基润滑脂（GB/T 491—2008）。若设有自动润滑装置，则应定期给润滑油装置加 HJ-40 机械油（GB 443—1989）。应定期检查靴衬的磨损情况，当靴衬工作面磨损量超过 1mm 时，应更换靴衬。

采用滑动导靴时，导轨的工作面应干净清洁，不允许有润滑剂，并定期检查导靴上各轴承的润滑情况，定期加润滑脂和定期清洁换油。

导轨的工作面应无损伤，由于安全钳动作造成的损伤，应及时修复。固定导轨的压导板螺栓应无松动，每年检查紧固一次。

（5）曳引绳

应经常检查各曳引绳之间的张力是否均匀，相互间的差值不得超过 5%。若曳引绳磨损严重，其直径小于原直径的 90%，或曳引绳表面的钢丝有较大磨损或锈蚀严重，应更换新绳。当曳引绳各股的断丝数超过表 4-7 的规定时，也应更换新绳。

曳引绳过分伸长时，应截短重做曳引绳锥套。曳引绳表面油垢过多或有砂粒等杂物时，应用煤油擦洗干净。

表 4-7　曳引绳磨损、锈蚀、断丝表

| 断丝、表面磨损或锈蚀为其直径的百分数（%） | 在一个捻距内的最大断丝数 | |
|---|---|---|
| | 断绳在绳股之间均匀分布 | 断丝集中在 1 或 2 个绳股中 |
| 10 | 27 | 14 |
| 20 | 22 | 11 |
| 30 以上 | 16 | 8 |

（6）缓冲器

弹簧缓冲器顶面水平度应不大于 4/1000mm，并垂直于轿底缓冲板或对重装置缓冲板的中心。固定螺栓应无松动。

油压缓冲器用油的凝固点应在 -10℃ 以下，黏度指标应在 75% 以上。油面高度应保持在最低油位线以上。在一般情况下，油压缓冲器用油的规格及黏度范围可按表 4-8 选用。

表 4-8　油压缓冲器用油的规格及黏度范围

| 电梯载重量/kg | 缓冲器油号规格 | 黏度范围 |
|---|---|---|
| 500 | 高速机械油 HJ-5（GB 443—1989） | 1.29~1.40°E50 |
| 750 | 高速机械油 HJ-7（GB 443—1989） | 1.48~1.67°E50 |
| 1000 | 机械油 HJ-10（GB 443—1989） | 1.57~2.15°E50 |
| 1500 | 机械油 HJ-20（GB 443—1989） | 2.6~3.31°E50 |

应经常检查油压缓冲器的油位及漏油情况，低于油位线时，应补油注油。所有螺钉应紧固。柱塞外圆露出的表面，应用汽油清洗干净，并涂适量防锈油（可用缓冲器油）。

应定期检查缓冲器柱塞的复位情况，以低速使缓冲器到全压缩位置，然后放开，从开始放开一瞬间计算，到柱塞回到原位置止，所需时间应不大于 90s。

（7）导向轮、轿顶轮和对重轮

导向轮、轿顶轮和对重轮与铜套等转动摩擦部位应保持良好的润滑状态，油杯内应装满润滑油脂，并定期清洗换油，防止由于润滑油失效或润滑不良造成抱轴事故。

（8）自动门锁和门电联锁

每月应检查一次自动门锁的锁钩、锁臂及滚动轮是否灵活，作用是否可靠，给轴承加适量的钙基润滑脂。每年应彻底检查和清洗换油一次。

定期以检修速度控制电梯上下运行，对于单门刀的电梯应检查门刀是否在各门锁两滚轮的中心，避免门刀撞坏门锁滚轮；对于双门刀的电梯，应检查有无门刀碰擦门锁滚轮以及由于门锁或门刀错位造成电梯运行时中途停车的情况。

检查门关妥当时，门锁工作是否可靠，是否能把门锁紧，在门外能否把门扒开（其扒开力应不小于 196.1~294.1N）。

2. 其他主要电梯部件的检查调整与修理

（1）选层器和层楼指示器（20 世纪 80 年代中期前国内生产的电梯大多有这种装置）

至今仍采用这种装置的电梯，应定期检查传动机构的润滑情况、动触点和静触点的磨损情况，并检查调整各触点组的接触压力是否合适，各触点引出线的压紧螺钉有无松动。

定期使电梯在检修慢速状态下运行，在机房的钢带轮和轿顶上仔细检查、观察钢带有无断齿和裂痕现象，连接螺钉是否紧固，发现断齿和裂痕时，应及时更换。

（2）端站限位开关和端站强迫减速装置

应定期检查端站限位开关和端站强迫减速装置的动作和作用是否可靠，开关的紧固螺钉是否松动，并定期通过检查调整，使每个开关内的触点组具有足够大的接触压力，清除各触点表面的氧化物，修复被电弧造成的烧蚀，确保开关能可靠接通和断开电路。

（3）控制柜

应定期在断开控制柜输入电源的情况下，清扫控制柜内各电器元件上的积灰和油垢。

定期检查和调整各接触器和继电器的各组触点，使各组触点具有足够大的接触压力。当触点组的接触压力不够大，必须调整加大其接触压力时，应用扁嘴钳调整触点的根部，切忌随意扳扭触点的簧片，破坏簧片的直线度，降低簧片的弹性，导致接触压力进一步减小。

定期清除各触点表面的氧化物，修复被电弧造成的烧伤，并紧固各电器元件引出线、引入线的压紧螺钉。

对控制柜进行比较大的维护保养后，应在断开曳引机电源的情况下：对于继电器控制的电梯，根据电路原理图检查各电器元件的动作程序是否准确无误；对于 PC（微型计算机）控制的电梯，根据电路原理图检查 PC 输入/输出点对应的指示灯亮灭是否正常；对于微机控制的电梯，根据电路原理图或控制说明书检查各种指示灯的亮灭是否正常、接触器和继电器的吸合复位过程是否灵活、有无异常的噪声，避免造成人为故障。

定期检查熔断器熔体与引出线、引入线的接触是否可靠。注意熔体的容量是否符合电路原理图的要求，变压器和电抗器有无过热现象。

（4）换速、平层装置

应定期使电梯在检修慢速状态下，检查换速传感器和平层传感器的紧固螺钉有无松动，隔磁板在传感器凹形口处的位置是否符合要求，双稳开关与磁豆、光电开关与遮光板的相对距离有无变化，干簧管、双稳态开关、光电开关等能否可靠工作。

（5）安全触板

应定期检查安全触板开关的动作是否正确，开关的紧固螺钉是否松动，引出线、引入线是否有断裂现象。

（6）门电联锁触电

应经常检查门电联锁触电的作用是否灵活可靠，自动门锁锁钩上的导电片碰压桥式触点是否合适。应经常检查导电片与桥式触点之间有无虚接现象。

（7）自动开关门调速开关和断电开关

应定期检查开关打板、开关的紧固螺钉、开关引出线与引入线的压紧螺钉有无松动，打

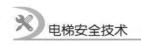

板碰撞开关时的角度和压力是否合适，并给开关滚轮的转动部位加适量润滑油。

（8）其他电器部件和元器件

应定期清扫各电器部件、元器件上的积灰，各电器部件的紧固螺钉和引出线、引入线的压紧螺钉有无松动。检查和调整各元器件的触点，使触点组具有足够大的接触压力，并清除各触点的氧化物，修复被电弧造成的烧蚀等。

## 4.6　电梯的故障与检查修理

把由于电梯本身的原因造成的停机或整机性能不符合标准规定要求的非正常运行均称为故障。

据不完全统计，造成电梯必须停机修理的故障中，机械系统的故障占全部故障的40%左右，电气控制系统的故障占全部故障的60%左右。

造成电梯故障的原因是多方面的。据国内一些单位在20世纪80年代的调查统计，在每100次电梯故障中，由于制造质量、配套元器件质量、安装质量、维护保养质量等引起的故障比例是10∶29∶36∶25。其中配套元器件质量、安装质量、维护保养质量是诱发故障的主要原因。当然，电梯安装质量的某些方面又与电梯制造厂的制造质量有关，而配套元器件的质量又与电梯制造厂的筛选工作有关。但随着我国电梯工业的技术进步，上述比例也发生了变化。

对一台经安装调试合格后交付使用的电梯，要提高其使用效益，关键在于投入运行后的日常维护保养，以及一旦发生故障时，能否及时把故障排除，使电梯的停机修理时间减少到最低的程度，这就是本节要讨论的问题。

### 4.6.1　机械系统的故障与检查修理

机械系统的故障在电梯的全部故障中所占的比重虽然比较少，但是一旦发生故障，可能会造成长时间的停机待修，甚至会造成更为严重的设备和人身事故。因此进一步减少机械系统的故障，应该是维修人员努力争取的目标之一。

1．机械系统的常见故障

实践证明，机械系统的常见故障有下列几类：

1）由于润滑不良或润滑系统的故障，造成部件的转动部位发热烧伤、烧死或抱轴，造成滚动或滑动部位的零部件毁坏而被迫停机修理。

2）由于没有开展预检修，未能及时检查发现部件的转动、滚动、滑动部位中有关机件的磨损情况和磨损程度，并且没有根据各机件磨损程度和电梯使用的频繁程度，正确制定修复或更换有关机件的期限，造成零部件损坏而被迫停机修理。

3）电梯在运行过程中，由于振动造成某些零部件紧固螺钉松动，特别是某些存在相对运动并在相对运动过程中实现机械动作的零部件，由于零部件的紧固螺钉松动而产生位移，或失去原有精度，又不能及时检查发现修复，而造成磨、碰、撞坏电梯机件而被迫停机修理。

4）由于平衡系统系数与标准要求相差过远，或严重过载造成轿厢蹲底或冲顶，冲顶时由于限速器和安全钳动作而被迫停机待修复。

电梯机械系统的故障，主要是由上述几种原因造成的。例如某城市有两台采用2：1吊索法的电梯，在1986年，因长期没有维修保养，造成限速器和安全钳不起作用，对重轮铜衬套与轮轴烧死，造成轮和轴同时转动，轴把4mm厚、120mm长的钢板磨穿，造成轿厢和对重装置同时堕落的重大人身设备事故。

因此，做好设备的日常维护保养，严格按照前述要求，定时检查机械系统中各部件转动、滚动、滑动部位的润滑情况，按时加油和注油，按时清洗和换油，避免出现润滑不良甚至干磨的现象，是至关重要的。如果能够坚持做好各种滚动、转动、滑动部位的润滑工作，就可以把机械系统的故障降低到最低限度，确保电梯的正常运行，还可以延长各种零部件和电梯的使用寿命。若还能在搞好日常维护保养的基础上开展预检修，把事故和故障消灭在萌芽状态，就可以大大减少停机待修时间。

**2. 机械系统常见故障的检查修理**

由于某种原因出现电梯冲顶，造成限速器和安全钳动作，把轿厢卡在导轨上，使电梯不能继续运行，是电梯产品特有的一种故障。这时必须用承载能力不小于轿厢重量、挂在机房楼板上的手动葫芦，把轿厢上提150mm左右，便能使安全钳复位，再慢慢地将轿厢放下，然后拆去手动葫芦，使位于上梁的安全钳开关和机房的极限开关复位之后，在一般情况下电梯就能恢复运行，但需在查明事故原因之后，方能交付正常使用。

电梯机械系统中其他各部件出现故障时，机械维修钳工除应向司机、乘用人员或管理人员了解出现故障时的情况和现象外，如果电梯还可以继续运行，则可以亲自到轿内控制电梯上下运行，也可以让司机或协助人员控制电梯上下运行，而自己到有关部位通过眼看、耳听、鼻闻、手摸、实地测量等手段，分析判断和确定故障发生点。

故障发生点确定之后，就可以像修理其他机械设备一样，按有关技术文件的要求，仔细进行拆卸、清洗、检查测量，通过检查测量确定造成故障的原因，并根据机件故障点的磨损或损坏程度进行修复或更换。机件经修理复原或更换了新零部件后，投入运行之前还须经认真调试和试运行后方可交付使用。

## 4.6.2　电气控制系统的故障与检查修理

电梯故障中的60%是电梯控制系统的故障。造成电气控制系统故障的原因是多方面的，主要包括元器件的质量、安装调整质量、维修保养质量、外界环境条件变化和干扰等。

20世纪80年代中期以前生产的电梯产品中，电气控制系统一般都是由触点控制的，中间过程控制继电器、接触器和各种开关器件所选用的配套电器元件基本上是一般的机床电器元件。由于机床和电梯在工作条件和工作特点方面的差异很大，为机床设计配套的各种电器元件，其使用寿命、噪声水平等主要技术指标远不能适应电梯的要求，加之大多数厂家在相当长的一段时期内，不能选择质量好的电器元件生产厂家做定点配套厂，对进厂元器件的筛选又不够严格。所以，由于配套电器元件方面的问题引起的故障是比较多的。

20世纪80年代后期及以后生产的电梯产品中，由于国家明令禁止全继电器控制电梯的生产，因而采用工业控制微机 PLC 和微型计算机取代电梯运行过程中的管理、控制继电器，使电梯运行过程中的有、无触点控制比例大大降低，电梯的运行可靠性大大提高。与此同时，由于拖动控制技术的进步，电梯的乘坐舒适感得以改善。

但是，由于电梯运行过程的管理、控制环节比较多，以及电路功率转换等方面的原因，现在和今后生产的电梯电气控制系统，采用继电器、接触器、开关、按钮等触点元件构成的电路环节仍然存在，仍是电梯频发故障的原因之一。因此，提高电梯电气维修人员的技术素质和检查分析排除有触点电路故障的能力，仍然是减少电梯停机修理时间的重要手段。下面对电梯电气控制系统的常见故障及其分析判断排除方法做简要介绍。

1. 电梯电气控制系统的常见故障

电梯电气控制系统的故障是多种多样的，故障发生点也是广泛的，具体的故障发生点很难预测，用列表说明故障点和排除方法的范围是有限的，取得的效果也是微小的。掌握电梯电气控制的原理，熟识各元器件的安装位置和线路的敷设情况，掌握排除故障的正确方法，提高技术素质，才能提高排除故障的效率。只有从根本上提高维修电梯的技能，才能确保电梯正常运行，减少电梯停机待修的时间。

如按电梯常见故障的范围分，对于采用电动开关门的电梯，门动系统的故障、各种有触点电器元件的触点接触不良造成的故障比较多。造成门动系统和电器元件故障的原因，有元器件质量、安装调整质量、维护保养质量等。

如按故障的性质或类别分，对于以继电器、接触器、开关、按钮构成的电路，可以归结为断路和短路两种类型的故障。

（1）断路故障

断路就是该接通的电路不通，因此该工作的元器件不能工作。造成电路不通的原因也是多方面的。例如，电器元件引入引出线的压紧螺钉松动或焊接点虚焊造成断路或接触不良；继电器或接触器的触点被电弧烧蚀、烧毁；触点表面有氧化层；触点的簧片被触点接通或断开时产生的电弧加热，自然冷却处理而失去弹力，造成触点的接触压力不够而接触不良或无法接通；当一些继电器或接触器吸合和复位时，触点产生颤动或抖动造成开路或接触不良；电器元件的烧毁或撞毁造成断路等。

（2）短路故障

短路就是不该通的电路被接通，而且接通后电路内的电阻很小，造成短路。短路时轻则烧毁熔断器，重则烧毁电器元件，甚至引起火灾。对已投入正常运行的电梯电气控制系统，造成短路的原因也是多方面的。常见的有方向接触器或继电器的机械和电气联锁失效，可能发生接触器或继电器抢动作而造成短路；接触器的主触点接通或断开时，产生的电弧使周围的介质击穿而产生短路；电器元件的绝缘材料老化、失效、受潮造成短路；由于外界原因造成电器元件的绝缘损坏，以及外界导电材料入侵造成短路等。

断路和短路在以继电器和 PC 作为运行过程管理、控制装置的电梯电气控制系统中，是最常见的故障。

采用 PC 作为过程管理、控制的电梯电气控制系统，除常见的断路和短路故障外，还会出现其他类型的故障。例如外界干扰信号的入侵而造成系统程序混乱丢失而误动作、元器件击穿烧毁、引出引入线虚焊或开焊之类的故障。

**2. 电梯电气控制系统常见故障的检查判断及排除方法**

（1）迅速检查判断和排除故障的必要条件

由于电梯电气控制系统比较复杂，又很分散，因此，要迅速排除故障全凭经验是不够的，还必须掌握电气控制系统的电路原理图，搞清楚电梯在关门、起动、加速、满速运行、到站提前换速、平层停靠开门等全过程中各控制环节的工作原理，各电器元件之间的相互控制关系，各电器元件、各继电器和接触器触点的作用。了解电路原理图中各电器元件的安装位置、存在机电配合的位置，并弄明白它们之间是怎样实现配合动作的，并熟练掌握检查检测和排除故障的方法等。

只有全面掌握电路的工作原理和排除故障的方法，才能准确判断，并迅速查找出故障点，迅速把故障排除。看不懂的图样，无根据地胡猜测，乱拆卸，就像海底捞针一样，是很难找到故障的，甚至老的故障没有排除之前又人为地制造出新的故障，越修问题越多，是不可能保证电梯正常运行的。

（2）必须彻底搞清楚故障的现象

除熟识电路原理图和电器元件的安装位置外，在判断和检查排除故障之前，必须彻底搞清楚故障的现象，才有可能根据电路原理图和故障现象，迅速准确地分析判断出故障的性质和范围。

搞清楚故障现象的方法很多。可以通过听取司机、乘用人员或管理人员讲述发生故障时的情况，或通过自己的眼看、耳听、鼻闻、手摸、到轿内控制电梯上下运行实验以及其他必要的检测等各种手段和方法，把故障的现象（即故障的表面形式）彻底搞清楚。

准确无误地搞清楚了故障的全部现象，就可以根据电路原理图确定故障的性质，比较准确地分析判断故障的范围，采用行之有效的检查方法和切实可行的维修方案。

（3）正确掌握排除一般故障的方法

对于性质不同的短路和断路两类故障，必须采用不同的检查方法。以下简要介绍由继电器、接触器、开关、按钮等构成的电路中，这两类故障的检查步骤与方法。

1）短路故障的检查：由于发生短路所引起的故障，在电梯电气控制系统的故障中，屡见不鲜，经常碰到。

由于短路造成的故障，若对电路进行短路保护的熔断器熔体选用恰当，则在造成短路故障的瞬间熔断器内的熔体必然很快烧毁，并且一换上熔断器，熔体又立即烧毁。因此，很难弄清楚电气控制系统各电器元件的动作情况、彻底搞清楚故障的现象，所以很难对故障进行全面分析和准确判断。

在这种情况下，可以拉断电源，用万用表的电阻档，按分区、分段的方法进行全面的测量检查，逐步查找，最终也能把故障点找到。但是，有些故障可能要用相当长的时间，花费很大的气力才能找到，延长了电梯的停机修理时间。

能比较迅速地查找到短路故障点的方法，是使电气控制系统处于烧毁熔断器那一瞬间的状态下，然后进行分区、分段送电，再查看熔断器是否烧毁。如果给甲区域送上电后熔断器不烧毁，而给乙区域送上电后熔断器则立即烧毁，短路故障点肯定发生在乙区域内。如乙区域比较大，还可以将其分为若干段，然后再按上述方法分段送电检查。

采用分区、分段送电的方法检查短路性质的故障，可以很快地把发生故障的范围缩到最小限度。然后再拉断电源，用万用表的电阻档进行测量检查，就能迅速准确地找到故障点，把故障排除。

采用分区、分段送电方法检查短路故障时，熔断器的熔断体应用普通熔丝代替，而且熔丝的容量应尽可能小些，必要时还应拆去曳引电动机的输入电源，以利于安全。

2）断路故障的检查：对于电压等级为220V、110V或更低的控制电路，检查断路故障的方法有采用万用表进行检查和采用220V的低压灯泡进行检查两种。

① 采用万用表的检查方法。采用万用表检查断路故障时，可分别用表的电阻档和电压档进行测量检查。但用电阻档和电压档进行检查的方法略有不同。

用电阻档进行检查时，须拉断电路的电源，然后根据电路原理图逐段测量电路的电阻，并根据电阻值的大小分析确定故障点。

用电压档进行检查时，须给电路送上电源，然后再根据电路原理图逐段测量电路的电压，并根据电压值的大小分析确定故障点。

用万用表检查电路通或不通，有电压或没有电压，并且通过通或不通、有电压或没有电压去判断分析电路的断路和短路故障点，对于一般的电气维修人员是熟识的，在此不进行举例说明。

用万用表检查故障不太方便。因为电表的体积和重量较大，而且是比较精密、贵重的仪器。检查时把表放得太远，表针的指示或数字显示情况看不清楚，放得近一点又不一定有合适位置。而且在检查的过程中，还须根据被测对象的具体情况，随时扳动表的转换开关，以适应测量对象的要求，转换开关扳错位，轻则影响测量结果，重则烧毁电表，既操心又很不方便。

② 采用低压灯泡的检查方法。采用220V的低压灯泡检查220V、110V及电压等级更低的交、直流电路的通断故障，与用万用表比较既方便又安全。检查3×380V的交流供电电路时，只要方法对（例如各相分别对地）或速度快，灯泡也不致被烧毁。若灯泡的端电压为220V时亮度为正常，当端电压为110V时则暗亮，随着电压的降低，灯泡的亮度变暗。用作检查这类故障的灯泡，其功率最好大点，并应带有防护罩。

用低压灯泡检查电路通断的方法，与用万用表电压档检查电路通断的方法基本相同。现以轿内按钮控制电梯为例，说明用灯泡检查电路通断故障的方法。

设维修人员在通过各种手段和方法，把故障的性质和可能发生故障的范围大致确定之后，可把电梯开到两端站以外的各停靠站（最好是上端站的下一站，不能快速开梯，可用慢速开梯）。然后可把司机或一名助手留在轿内，自己上机房并打开控制柜的门，再通知轿内的司机或助手控制电梯上下运行，自己仔细观察控制柜内各电器元件的动作情况和动作程序，以便进一步搞清楚故障的现象，进一步确定故障的性质和范围，以便确定查找故障的方法。

3. 电梯电气控制系统的程序检查与故障分析判断排除

（1）电梯制造厂对电梯电气控制系统构成部件的质量检查检验

电梯制造厂发货出厂前，必须对每台电梯电气控制系统的构成电器部件进行质量检查。构成一台电梯电气控制系统的电器部件有十余种，检验时如果以控制柜为中心按电路原理图连接起来，并模拟电梯的运行模式进行试验检查虽然好，但工作量太大，也没有必要。因为除控制柜外的其他部件功能均比较单一，用简单方法就能检查判别其质量和功能是否符合要求。只有控制柜的质量检查比较麻烦，因为它是实现各种电梯功能的控制中心，装配的元器件比较多，而且必须按电路原理图进行配接线，因此可能存在元器件质量问题、错漏接线问题，对于 PC 控制的电梯还存在编灌的程序是否正确实用的问题，这些问题必须在发货出厂前通过程序检查去发现和解决。

为做好控制柜出厂前的程序检查工作，大多数电梯制造厂商按自己产品的功能特点，设计制造一个控制柜检验台，检验人员通过在检验台上的操作，就能检验出控制柜实现电梯关门、上下方向快速起动、加速、满速运行、到达准备停靠层站提前减速、平层停靠开门以及顺向截梯和检修慢速点动运行等功能是否正常。但是若制造厂所设计生产的电梯的拖动、控制方式比较多时，一台控制柜检验台是很难满足全部要求的。而且一些规模和产量比较少的电梯制造厂也未必有前面述及的控制柜检验台。对于没有这种检验台的企业，在检验控制柜时，分别假设控制柜的外围电路是好的，用搭线模拟接通输入关门信号、内外指令信号、到站提前减速信号、平层停靠开门信号等，对控制柜进行全面的模拟程序检查，以此确认控制柜的质量是否符合电路原理图的设计要求，也能达到对控制柜进行质量检验的目的。

如果维修人员能够把电梯制造厂检验员检验电梯控制柜的方法移植到电梯用户使用现场，用于检查分析判断排除电梯电气系统的疑难故障，必将取得良好效果。

（2）使用现场的程序检查与故障分析判断

在使用现场分析、判断故障过程中，有时候会遇上一些故障现象不太明显，或故障现象虽然明显但涉及面比较广的情况，要进一步弄清楚故障现象和缩小故障范围，或者在对电气控制系统中的部分元器件进行拆换或做比较大的整修后，要检查电气控制系统中各部位的连接线是否正确，各种元器件的技术状态是否良好，电气控制系统各部分和各个环节的性能是否符合电气原理图的要求时，可以通过检查控制柜内的继电器、PC 和接触器的动作程序是不是正确来实现，即程序检查。

为了安全起见，在进行程序检查之前，应把曳引电动机 YD 的电源引入线、制动器线圈 ZCQ 的电源引入线暂时拆卸掉，以免轿厢跟随检查试验做不必要而又不安全的运行，或发生溜车事故。

程序检查的基本方法是模拟司机或乘用人员的操作程序，根据电梯从起动至停靠过程中的主要控制环节，给控制系统输入相应的电信号，使相应的 PC 工作，继电器或接触器吸合，例如检查人员用搭线或手直接推动相应继电器或接触器处于吸合状态，然后自己观察控制柜内的有关继电器、PC 和接触器的动作程序，确认是否符合电路原理图的要求，以此去检查电气控制系统是否良好，以及进一步弄清楚故障的现象和性质，缩小故障的范围等。

程序检查是确认控制系统的技术状态是否良好，也是搞清楚故障现象、分析判断故障性质、缩小故障范围、迅速寻找故障点和排除故障的好方法，建议读者掌握和使用。

4. 电梯机电系统常见故障及排除方法一览表

表 4-9 所列常见故障的现象及其主要原因和排除方法，只供读者遇到类似故障时作为分析、检查的参考。故障的原因有时是千变万化的。努力掌握电梯机电系统的结构原理和必要

的基本维修技能，才能迅速准确排除故障。

表4-9  常见电梯故障的现象及其主要原因和排除方法

| 故障现象 | 主要原因 | 排除方法 |
|---|---|---|
| 按关门按钮不能自动关门 | 1）开关门电路的熔断器熔体烧断<br>2）关门继电器损坏或其控制电路有故障<br>3）关门第一限位开关的触点接触不良或损坏<br>4）安全触板不能复位或触板开关损坏<br>5）光电门保护装置有故障 | 1）更换熔体<br>2）更换继电器或检查其电路故障点并修复<br>3）更换限位开关<br>4）调整安全触板或更换触板开关<br>5）修复或更换 |
| 在基站厅外扭动开关门钥匙，开关不能开启层门 | 1）厅外开关门钥匙开关触点接触不良或损坏<br>2）基站厅外开关门控制开关触点接触不良或损坏<br>3）开门第一限位开关的触点接触不良或损坏<br>4）开门继电器损坏或其控制电路有故障 | 1）更换钥匙开关<br>2）更换开关门控制开关<br>3）更换限位开关<br>4）更换继电器或检查其电路故障点并修复 |
| 电梯到站不能自动打开门 | 1）开关门电路熔断器熔体烧断<br>2）开门限位开关触点接触不良或损坏<br>3）提前开门传感器插头接触不良、脱落或损坏<br>4）开门继电器损坏或其控制电路有故障<br>5）开门机传动带松脱断裂 | 1）更换熔体<br>2）更换限位开关<br>3）修复或更换插头<br>4）更换继电器或检查其电路故障点并修复<br>5）调整或更换传送带 |
| 开门或关门时冲击声过大 | 1）开关门限速粗调电阻调整不妥<br>2）开关门限速细调电阻调整不妥或调整环接触不良 | 1）调整电阻环位置<br>2）调整电阻环位置或调整其接触压力 |
| 开、关门过程中门扇抖动或有卡住现象 | 1）踏板滑槽内有异物堵塞<br>2）吊门滚轮的偏心挡轮松动，与上坎的间隙过大或过小<br>3）吊门滚轮与门扇连接螺栓松动或滚轮严重磨损 | 1）清除异物<br>2）调整并修复<br>3）调整或更换吊门滚轮 |
| 选层登记且电梯门关妥后电梯不能起动运行 | 1）层门、轿门电联锁开关接触不良或损坏<br>2）电源电压过低或断相<br>3）制动器抱闸未松开<br>4）直流电梯的励磁装置有故障 | 1）检查修复或更换电联锁开关<br>2）检查并修复<br>3）调整制动器<br>4）检查并修复 |
| 轿厢起动困难或运行速度明显降低 | 1）电源电压过低或断相<br>2）制动器抱闸未松动<br>3）直流电梯的励磁装置有故障<br>4）曳引电动机滚动轴承润滑不良<br>5）曳引机减速器润滑不良 | 1）检查并修复<br>2）调整制动器<br>3）检查并修复<br>4）补油或清洗更换润滑油脂<br>5）补油或更换润滑油 |
| 轿厢运行时有异常的噪声或振动 | 1）导轨润滑不良<br>2）导向轮或反绳轮轴与轴套润滑不良<br>3）传感器与隔磁板有碰撞现象<br>4）导靴靴衬严重磨损<br>5）滚轮式导靴轴承磨损 | 1）清洗导轨或加油<br>2）补油或清洗换油<br>3）调整传感器或隔磁板位置<br>4）更换靴衬<br>5）更换轴承 |
| 轿厢平层误差过大 | 1）轿厢过载<br>2）制动器未安全松闸或调整不妥<br>3）制动器刹车带严重磨损<br>4）平层传感器与隔磁板的相对位置尺寸发生变化<br>5）再生制动力矩调整不妥 | 1）严禁过载<br>2）调整制动器<br>3）更换刹车带<br>4）调整平层传感器与隔磁板相对位置尺寸<br>5）调整再生制动力矩 |

（续）

| 故障现象 | 主要原因 | 排除方法 |
|---|---|---|
| 轿厢运行未到换速点突然换速停车 | 1）门刀与层门锁滚轮碰撞<br>2）门刀或层门锁调整不妥 | 1）调整门刀或门锁滚轮<br>2）调整门刀或层门锁 |
| 轿厢运行到预定停靠层站的换速点不能换速 | 1）该预定停靠层站的换速传感器损坏或与换速隔磁板的位置尺寸调整不妥<br>2）该预定停靠层站的换速继电器损坏或其控制电路有故障<br>3）机械选层器换速触点接触不良<br>4）快速接触器不复位 | 1）更换传感器或调整传感器与隔磁板之间的相对位置尺寸<br>2）更换继电器或检查其电路故障点并修复<br>3）调整触点接触压力<br>4）调整快速接触器 |
| 轿厢到站平层不能停靠 | 1）上、下平层传感器的干簧管触点接触不良或隔磁板与传感器的相对位置参数尺寸调整不妥<br>2）上、下平层继电器损坏或其控制电路有故障<br>3）上、下方向接触器不复位 | 1）更换干簧管或调整传感器与隔磁板的相对位置参数尺寸<br>2）更换继电器或检查其电路故障点并修复<br>3）调整上、下方向接触器 |
| 有慢车没有快车 | 1）轿门、某层站的层门电联锁开关触点接触不良或损坏<br>2）直流电梯的励磁装置有故障<br>3）上、下运行控制继电器、快速接触器损坏或其控制电路有故障 | 1）更换电联锁开关<br>2）检查并修复<br>3）更换继电器、接触器或检查其电路故障点并修复 |
| 上行正常下行无快车 | 1）下行第一、二限位开关触点接触不良或损坏<br>2）直流电梯的励磁装置有故障<br>3）下行控制继电器、接触器损坏或其控制电路有故障 | 1）更换限位开关<br>2）检查并修复<br>3）更换继电器、接触器，或检查其电路故障点并修复 |
| 下行正常上行无快车 | 1）上行第一、二限位开关触点接触不良或损坏<br>2）直流电梯的励磁装置有故障<br>3）上行控制继电器、接触器损坏，或其控制电路有故障 | 1）更换限位开关<br>2）检查并修复<br>3）更换继电器、接触器，或检查其电路故障点并修复 |
| 轿厢运行速度忽快忽慢 | 1）直流电梯的测速发电机有故障<br>2）直流电梯的励磁装置有故障 | 1）修复或更换测速发电机<br>2）检查并修复 |
| 电网供电正常，但没有快车也没有慢车 | 1）主电路或直流、交流控制电路的熔断器熔体烧断<br>2）电压继电器损坏，或其电路中的安全保护开关的触点接触不良、损坏 | 1）更换熔体<br>2）更换电压继电器或有关安全保护开关 |

 思考题

1. 简述电梯的安全保护设施。
2. 简述进入电梯轿顶、底坑作业时的安全注意事项。
3. 日常维修中造成电梯不能关门操作的常见原因主要有哪些？
4. 电梯调试前的电气检查内容有哪些？
5. 电梯不能关门操作的原因主要有哪些？

# 第 **5** 章

# 电梯典型状态下的安全使用与操纵方法

## 5.1 电梯的操纵器件

操纵器件是供司机或乘客操纵电梯用的部件。根据电梯种类、速度和自动化程度的不同，操纵器件和操纵顺序不同。

### 5.1.1 轿厢操纵箱的结构与面板布置

各类电梯轿内操纵箱的结构及其元器件选用均是根据电梯的自动化程度及所应具有的功能，即电气控制线路的要求而确定的。

**1. 信号控制电梯的轿厢操纵箱**

信号控制电梯在前面章节中已有述及。这种电梯是由经过专业安全培训的电梯司机来操纵运行的。司机根据轿内乘客的要求或反映在操纵箱上的各层厅外召唤信号揿按轿厢操纵箱上相应的指令按钮，从而操作电梯的运行。

这样根据信号按钮控制电梯，其轿厢操纵箱应由下列电器元件和钣金部件组成：

1）盒体。存放和固定电器元件和接线。

2）面板。显示和布置各操纵电器元件。

3）电器元件。有指令按钮，开、关门按钮，手指开关，召唤信号指示灯，安全开关，警铃，应急按钮等。

信号控制电梯的轿厢操纵箱面板布置如图5-1所示。

**2. 集选控制电梯的轿厢操纵箱**

集选控制电梯是有/无司机两用控制操作的自动化程度较高的梯种。该种电梯可以由经过专业安全培训的电梯司机进行操纵，也可以由乘坐电梯的乘客自己操纵。为了实现上述这两种操纵方式，电梯轿厢内的操纵箱的设计结构必须有别于前述的信号控制电梯的轿厢操纵箱，其最大区别在于厅外各层的召唤信号不在操纵箱上反映出来，而在电气控制线路中自动反映，并多了有/无司机

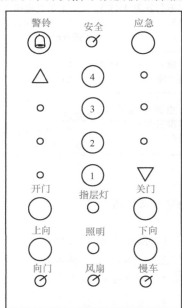

图5-1 信号控制电梯的轿厢
操纵箱面板布置

工作状态的转换钥匙开关和有司机时的向上（或向下）开车按钮和超载时的闪烁灯光音响信号。

其轿厢操纵箱由下列电器元件和钣金部件组成：

1）盒体。存放和固定电器元件和接线。

2）面板。显示和布置各操纵电器元件。

3）电器元件。有与停层数相对应的指令按钮，开关门按钮，司机/自动/检修各状态转换的三位置钥匙开关，超载信号指示，以及急停和警铃按钮等，其面板布置如图5-2所示。

也有的集选控制电梯把司机操纵部分的电器元件布置在轿厢操纵箱下部的小盒内。在无司机使用时把此小盒的盖子关上并加专用"T"字锁锁住。这种操纵箱面板如图5-3所示。

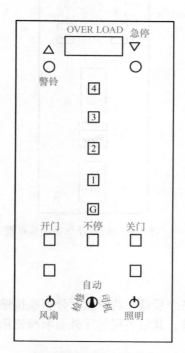

图5-2　集选控制电梯的轿厢操纵箱面板布置

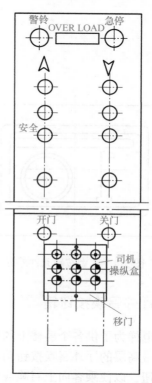

图5-3　带有"小门"的集选控制电梯轿厢操纵箱面板布置

**3. 采用新型按钮元件的轿厢操纵箱**

上述两种轿厢操纵箱的按钮元件是圆形或小方形的机械触点式按钮，而现在有电子触摸式或微动薄膜式开关触点，例如瑞士迅达电梯公司的M型轿厢操纵箱即属此列。该轿厢操纵箱所应具有的操纵功能与集选控制电梯的轿厢操纵箱类似。其按钮元件的外形如图5-4所示。

M型轿厢操纵箱的结构有别于上述两种操纵箱，它是轿厢前壁的一部分。其次所有电器元件均装在面板上，因此拆装和接线十分方便。其面板布置如图5-5所示。

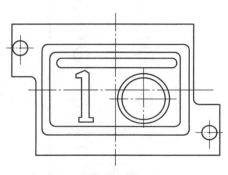

图 5-4　M 型按钮元件外形

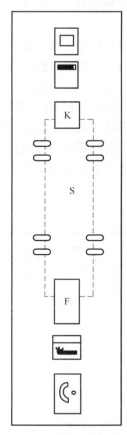

图 5-5　M 型轿厢操纵箱面板布置

## 5.1.2　厅外召唤按钮箱

　　各类电梯为了供各个层楼上的乘客使用电梯，在各个层楼上均设置厅外召唤按钮箱。除了底层和最高层的厅外召唤按钮箱只有一个召唤按钮外，其他各层的厅外召唤按钮箱均有两个召唤按钮，以便乘客向上召唤或向下召唤电梯。

　　电梯的召唤按钮可以是各色各样的，可以选用市场上常见的通用按钮（例如 LA – 1K、LA12 – 22 等），也可以选用各个电梯厂家自行设计的专用按钮（例如迅达电梯公司的 R1 系列和 M 型按钮）。但不管任何种按钮均应带有记忆信号灯，以示召唤信号已被登记。

　　厅外召唤按钮箱由盒体、按钮元件、面板三个部分组成，如图 5-6 和图 5-7 所示。图 5-6 为小方形的 R1 按钮，其面板尺寸为 65mm × 300mm。图 5-7 为 M 型按钮（有电子触摸式或气囊薄膜式微动开关）。

　　国外一些电梯厂家中，也有的在厅外召唤按钮箱上设置数码层楼显示器，如三菱电机公司和日立电梯公司的一些产品。

　　在某些电梯中，底层召唤按钮箱还可设置供电梯投入使用的专用钥匙开关。当然也可有供消防人员专用的消防钥匙开关。在医院大楼内的某层召唤按钮箱上可不设置按钮而是设置由医务人员专用的钥匙开关，只要接通该层召唤箱上的钥匙开关即可使该台电梯供医务人员抢救病员专用。

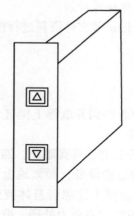

图 5-6　R1 系列厅外召唤按钮箱

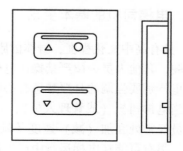

图 5-7　M 型厅外召唤按钮箱

### 5.1.3　消防专用开关箱

　　任何一幢大楼内，只要有一台或多台电梯的话，则根据消防规范规定，必定要有一台可供消防员专用的消防电梯，在该消防电梯的底层入口侧设置消防专用开关箱，消防专用开关箱简图如图 5-8 所示。

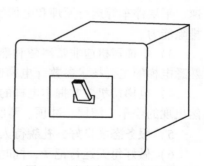

图 5-8　消防专用开关箱简图

　　消防专用开关箱一般设置于底层大厅电梯门口侧上方离地约 1.7m 高的位置处。消防专用开关箱结构不同于一般开关箱，该开关箱的面板上有玻璃小窗，内有手指开关或扳把开关，当有消防火警时，敲碎玻璃小窗，扳动开关，即可使电梯立即返回底层大厅供消防人员使用。

## 5.2　电梯司机或管理人员的基本要求

　　电梯是高层建筑住宅楼群不可缺少的垂直交通运输设备。电梯产品质量的衡量标准：要有好的产品设计技术，提供符合质量要求的产品；要有好的现场安装调试技能，经国家有关部门检测合格，提供正常运行的电梯设备及其有关电梯设备的技术资料和验收资料；要有一套完整的电梯运行管理制度和日常维护保养制度。这三者达到有机的结合，才能确保电梯正常运行。

　　为了确保电梯安全运行，落实国家电梯安全管理法规，对企业、物业管理部门、电梯驾驶员（或称司机）、管理人员有以下基本要求。

### 5.2.1　企业或物业管理部门的要求

　　1）企业或物业管理部门要提出一套符合实际的目标管理制度和一套完整的安全保障制度。

2）根据客流量进行交通分析，制定运行方案。

3）编制全方位电梯运行状况监督方案。

4）编制电梯日常维修保养记录日志及其周、月、季、年保养计划。

5）对电梯技术资料、运行记录、维保记录、安全检查记录等文件资料进行档案管理。

6）尽可能进行大楼智能集中监控管理。

### 5.2.2 电梯司机的基本要求

1）具有高中文化程度，身体健康，经劳动安全部门专业培训并取得上岗证者方可上岗操作驾驶。其他人员一律严禁操作电梯（无司机控制电梯除外）。

这里特别要强调的是严禁患有心脏病、高血压、精神分裂症、耳聋眼花、四肢残疾或低能者充当电梯司机（或管理人员），因为电梯是一个特殊的运输设备，频繁地上下起动、停止，人员经常处在加（减）速度及颠簸状态，时间久了就会使上述患者身体疲劳或精神高度紧张，很有可能在电梯运行中产生误操作或电梯发生故障时没有能力处理，造成不必要的事故，而患者本人还会加重病情。所以电梯司机的身体健康是第一位的。

2）电梯司机须经专业知识培训后上岗，具有一定的机械和电工基础知识，了解电梯的主要结构、主要零部件的形状及其安装位置和主要作用，了解电梯的起动、加速、制动减速、平层停车等运行原理和电梯的基本保养知识和操作，对简单的故障有应急处理的措施和排除能力。

3）电梯司机应非常清楚和熟悉电梯操纵箱上的各按钮的功能，熟悉大楼的主要功能，熟悉电梯的主要技术参数（电梯速度、载重量、轿厢尺寸、开门宽度及高度等）。

4）电梯司机应掌握本电梯的安全保护装置和安装位置及其作用，并能对电梯运行中突然出现的停车、溜层、冲顶、蹲底等故障临危不惧，能采取正确措施。

5）服务态度良好，礼貌待人，能熟练地操作电梯。

6）做好每天运行记录，同时观察电梯运行情况，若有故障疑义及时向有关部门反映，能配合维修人员排除电梯故障。

### 5.2.3 管理人员的基本要求

1）管理人员具有大专以上的文化程度（机电专业），并经劳动安全部门专业培训并取得上岗证方可担任。

2）熟悉电梯技术，熟悉电梯运行工艺，熟悉智能/网络管理技术及其档案管理。

3）能编制电梯目标管理条例，协助有关领导落实电梯安全运行的实施。

4）能编制电梯周、月、季、年保养计划的落实和实施及时反馈信息，确保电梯正常运行。

## 5.3 电梯有司机状态下的操纵运行

### 5.3.1 操作前的准备工作

电梯司机在每天上班起动电梯之前，应对电梯进行班前检查，班前检查内容主要是外观检查和试运行检查。

**1. 外观检查**

1）进入机房检查其曳引机、电动机、限速器、极限开关、控制屏、选层器（如果有的话）等外观是否正常，控制屏及各开关熔断器是否良好，三相电源电压、直流整流电压是否正常，机械结构有无明显松动现象和漏油状况，电气设备接线有无脱落，电线接头有无松动，接地是否良好等。

2）在底层开启电梯层门和轿门进入电梯轿厢之前，首先要看清电梯轿厢确实在本层站后方可进入轿厢，切勿盲目闯入造成踏空坠落事故。

3）司机进入电梯轿厢后，检查轿厢内是否清洁，层门及轿门地坎槽内有无杂物、垃圾。检查轿内照明灯、电风扇、装饰吊顶、操纵箱等器件是否完好，其上所有开关是否处于正常位置上。

4）接通电源开关后，检查各信号指示灯、指令按钮记忆灯、召唤蜂鸣器等工作是否正常。

**2. 试运行检查**

有司机操纵的电梯大多为载货电梯、服务梯、办公楼用梯等，这些电梯在一天工作后经过一夜的停运，在第二天正式投入运行之前必须进行上、下试运行若干次，方可投入正常运行。

为什么要这样呢？原因有很多。如在冬天或雨季湿度较大时，易引起润滑油流动不畅，电气元件的触点或其本身特性的临时变化等因素均有可能引起电梯运行的最初阶段性能不稳定，待试运行若干次后即可达到正常运行水准。试运行检查方法如下。

1）先连续单层运行，上下两端站先不到达，待每层均能正常运行，减速和停车后，再进行上下端站间的直驶运行。在此期间应检查操纵箱上各指令按钮、开关门按钮及其他各个开关动作是否可靠，信号指示是否正常。

2）在试运行中静听导轨润滑情况、有无撞击声或其他异常声响，是否闻到异常气味等。

3）检查各层门门锁的机械电气联锁是否可靠有效、开关门是否有撞击声，如关门不能一次完成，说明安全触板或光电保护装置不良。

4）试运行中还须检查各个层楼的平层准确度。尤其检查轿厢空载上行端站或下行端站停层是否正确，是否在规定误差范围之内，停车时是否有剧烈跳动或毫无知觉而停层误差很大，如有则必须检查曳引机上制动器工作是否正常可靠。

经过以上各项检查及试运行后，已达到正常工作状况的电梯才可投入正常服务，否则应请电梯检修人员进行检修和排除故障。

## 5.3.2 有司机状态的使用与操纵方法

本部分内容包括了自动化程度较低的一般载货电梯、医院电梯、中低级办公楼的乘客电梯等梯种的使用和操作，但不论何种电梯，其使用和操纵方法是类似的。

1. 电梯开始使用与停止使用的操纵

1）电梯投入正常使用前，必须做好动力电源和照明电源的供电工作。然后由经过劳动安全部门专业培训的电梯驾驶员或管理人员在基站（或最低层）用专用钥匙插入装于基站层门旁侧的召唤按钮箱上的钥匙开关中，使钥匙开关接通电梯的控制回路和开门继电器回路，使得电梯门开启（在一般情况下，电梯不使用时，电梯的轿门和层门均是关闭的）。电梯驾驶员或专职管理人员可以进入电梯轿厢内。然后进行前述的一般外观检查，并上、下试运行几次，证明确实安全可靠后，方可以投入正常使用。

对于一般载货电梯或按钮信号控制的医用梯、住宅梯等，只有当电梯返回基站（或最低层后）时方可使钥匙开关起作用；而当电梯不在基站时，钥匙开关就不能起作用，以保证电梯正常而又安全可靠地使用。

**注意**：上述几种电梯的投入运行钥匙必须由专人保管，不得随意交给他人保管和使用。

2）当一天工作结束时，应使电梯撤出正常运行。对前面章节中提到的几种电梯或其他有司机操作的电梯，必须首先把电梯驶回基站（或最低层），然后才可用专用钥匙断开钥匙开关控制的电梯安全回路（即可使电梯的全部控制电路切断）；与此同时，电梯门关闭，这样电梯就不可再运行，直至重新使用时把钥匙开关接通，方可再使用电梯。

2. 有司机状态下的运行操纵

不论何种电梯，在电梯有司机使用时，都要先了解一下电梯轿厢操纵箱面板上各元件的作用。现以图5-2所示集选控制电梯轿厢操纵箱为例。在该图的上部，有上、下运行方向箭头灯、超载信号灯、蜂鸣器、警铃和急停按钮。中间部分有与实际层站数相对应的轿内选层指令按钮（带有记忆指示灯）。下部有开门、关门按钮，直驶不停按钮，上、下方向起动开车按钮，有/无司机、检修（即司机/自动/检修）状态转换钥匙开关以及轿内电灯照明、电扇的手指开关等。

若是信号控制电梯时轿内操纵箱面板（例如图5-1所示电梯轿厢操纵箱面板），比上述集选控制电梯轿厢操纵箱增加了各个层楼厅外上、下召唤按钮信号指示灯，以表明某层楼有乘客需乘坐电梯。

有司机状态下的运行操纵方法：

1）电梯的选层和定向。当乘客进入电梯轿厢后，即可向司机提出欲去的层楼数，司机撤按操纵箱上与乘客欲去层楼数相对应的该层指令按钮，同时该按钮内记忆指示灯点亮，说明该层的指令信号已被登记且记忆。与此同时，经控制屏中的继电器逻辑电路和自动定向电路，使得电梯即可定出电梯运行方向——即操纵箱面板上方的上/下行方向箭头灯点亮。轿厢内和各层楼厅上方的层楼指示器上的上/下行方向箭头灯也被点亮。这样说明电梯的运行方向已被确定。

2）关门起动。在电梯有了运行方向后（不论是轿内登记的指令信号或是各个层楼厅外召唤信号所决定的电梯运行方向），司机即可撤按操纵箱上的起动开车按钮，使电梯自动关门，待电梯的门（内、外门）完全关好后，电梯即自动起动和运行。

如在关门过程中，门尚未完全关闭之前，司机发现还有乘客需乘用电梯时，则司机可撤按开门按钮后即可使电梯门立即停止关闭，并重新开启；然后再重新撤按开车方向按钮关门起动。

3）减速、停车和开门。电梯的减速、停车和到达门区自动开门，这一全过程均是自动进行，可以不用司机操作。

4）司机的"强迫换向"操纵方法。当某乘客因某种原因急需返回与已定运行方向相反的方向楼层时，或者是司机临时想起要去反方向的楼层办事时，则只要在电梯门尚未完全关闭之前，司机可以撤按与已定运行方向相反的方向开车按钮，即可使原已确定的运行方向消失；与此同时，再撤按要去反方向楼层数相对应的该层指令按钮，即可建立起与原已确定的方向相反的运行方向。这一点在有司机操纵时是至关重要的。

**注意**：人为"强迫换向"的操纵只能在电梯停运状态下，或电梯门尚未完全关闭的准备运行状态时方可进行。

### 5.3.3 有司机状态运行过程中的注意事项与紧急状况的处理

**1. 有司机状态运行过程中司机应注意事项**

1）如发现电梯在行驶中速度有明显升高或降低的感觉，且停层不准，或发生"溜层"等状况，应立即停止使用电梯，报告管理部门，通知检修人员检修。

2）电梯的行驶方向与预定选层运行的方向不一致时，例如电梯轻载从最高层往下行驶，结果电梯反向往上行驶，应立即停止使用，通知电梯管理部门进行检修。

3）电梯在行驶过程中，司机如发觉有异常的噪声、振动、碰撞声，应停止使用电梯，并通知管理部门进行检修。

4）在电梯使用过程中，如发现轿厢内有油污滴下，也应停止使用电梯（机房内曳引机有可能大量漏油），并应通知有关部门检修。

5）当电梯在正常负荷情况下，在两端站停层不准，超越端站工作位置时，电梯也应停止使用，通知有关部门检修。

6）在正常条件下，如发现电梯突然停顿一下又继续运行或停顿后运行有严重碰擦声，说明电梯轿厢有倾斜，使门锁或安全钳误动作，此时也应停止使用电梯，通知有关部门检修。

7）当司机或乘客触摸到电梯轿厢的任何金属部分时，有"麻电"现象，电梯应立即停用，通知有关部门检修。

8）在电梯运行过程中，如在轿厢内闻到焦臭味，应立即停用电梯，通知有关部门检修。

**2. 司机在电梯发生紧急状况时的处理**

在电梯运行中发生上述紧急故障状况时，司机首先要保持镇定，稳定电梯轿厢内乘客的情绪，告诫乘客不要恐惧和乱动，并立即用警铃按钮报警或用电话或对讲机等其他形式迅速与电梯机房或电梯值班室或外部联系，争取及早得到外部帮助，以及时采取措施，排除故障。具体简述如下。

1）电梯门关闭后，不起动运行，司机应撤按操纵箱上的开门按钮使电梯门打开，并重新按方向开车按钮，使电梯再次关门。若这样仍不行，电梯关门后也不运行，也不能开门（例如计算机控制电梯有时会发生这种情况），则此时司机应告诫乘客，不能妄动，尤其是

不能强行"扒门"，待计算机系统本身的保护系统经45 s延时后电梯即可自动开门放客。

2）对于常见的各类电梯（例如信号控制电梯、集选控制电梯等），通常在轿内操纵箱上设置有检修慢速运行转换开关（或钥匙开关）。电梯司机在上述第一种方法处理失效的情况下，可将操纵箱上的检修慢速运行转换开关（或钥匙开关）置于慢速检修运行状态，撳按方向开车按钮和应急按钮，强令电梯慢速运行至邻近层楼平面处开门放客，然后等待电梯检修人员检修电梯。

3）对于轿内操纵箱上无检修慢速运行转换开关的电梯，司机应通过操纵箱上的警铃按钮（ALAM）或对讲机或电话机通知电梯管理值班人员或电梯检修人员，报告电梯故障情况，耐心等候电梯检修人员前来解救。

4）司机如发现电梯层门、轿门尚未完全闭合而能起动运行，或在按关门按钮后电梯门未关闭好，而开车按钮尚未按动时电梯即能起动运行，此时乘客必然惊慌。电梯司机必须拦阻乘客往外跳离轿厢。若操纵箱有急停按钮，则立即按下急停按钮使电梯强行停止，若无急停按钮则应通过警铃按钮或对讲机或电话等方法与外部联系。如无上述设施，只有当电梯到达某层或是至两端站停车时，只要电梯停止，司机应让乘客按顺序撤离轿厢。

总而言之，在有司机操纵电梯运行时，不论电梯发生什么样的故障（包括冲顶、蹲底等故障），电梯司机首先不应惊慌，要稳定轿厢内乘客情绪，积极采取上述方面的措施，及早开门放客，等候电梯检修人员抢修电梯。

**3. 司机在电梯停驶后的工作**

1）当电梯每天工作完毕不再使用时，司机应将电梯轿厢驶回底层（或基站）。司机应将轿内操纵箱上的安全开关、召唤信号、层楼指示灯的开关（假如有的话）均断开，使所有信号灯熄灭。

2）司机在离开轿厢前先检查轿厢是否有异物，然后切断轿内照明开关、风扇开关。然后通过钥匙转动底层层门侧召唤箱上的钥匙开关，使电梯关门，待门关好后会自动切断电梯控制电源。

## 5.4 电梯无司机状态下的使用操纵方法

对有/无司机两用的集选控制电梯、客货两用的服务电梯及部分医院电梯、载货电梯在无司机状态下的使用操纵方法介绍如下。

### 5.4.1 无司机操纵使用前的准备工作

对于有/无司机两用的集选控制电梯，在把电梯转为无司机使用状态时（例如大楼内客流不大，或深夜，或是该电梯完全是大楼内部人员使用等状况时），电梯管理人员（或电梯司机）应检查下列内容，并确信一切良好后方可将电梯转入无司机使用状态。

1）检查电梯轿厢内的"乘客使用须知"说明牌是否完好无损，清晰可辨。

2）检查电梯的超载保护系统是否良好和有效，这一点是十分重要的。如若超载保护装置失效，则电梯绝不允许转入无司机运行状态。

3）检查电梯门的安全保护系统是否良好和有效，如电梯轿门的安全触板动作是否灵敏可靠，光电保护装置是否良好和有效（即在电梯关门时有物体挡住光电装置或接近轿门边沿时是否能使门停止关闭且立即开启）。

4）在电梯停运状态下，检查操纵箱上的开关门按钮是否有效，尤其检查在关门过程中撤按开门按钮是否能重新开门。

5）电梯内的报警及对外通信联络信号系统（对讲机或电话机）是否有效可靠，也是至关重要的。若设置了电话机，应在明显位置标出紧急呼救的电话号码。

## 5.4.2　乘客操纵和使用电梯的方法与注意事项

有/无司机两用的集选控制电梯处于无司机状态时，电梯的运行及停止将由乘客和其本身所具有的自动控制功能所决定，但主要还是听从乘客，乘客应按该电梯所具有的基本功能和运行工艺过程进行使用和操纵，具体方法如下。

1）对于初次乘用这种电梯的乘客，在乘用前应向服务人员或其他熟悉使用情况的乘客了解使用方法，也可仔细阅看底层大厅电梯门口侧或电梯轿厢内的"乘客使用须知"说明牌，以便正确乘用电梯。

2）在某层楼的乘客需乘用电梯时，应撤按电梯层门旁侧召唤按钮箱上的欲去方向的召唤按钮，不能同时撤按向上、向下两个按钮，否则会影响到达欲去层楼的时间。

3）在某层等候电梯到来的乘客应注意电梯层门上方的层楼指示灯或到站钟（或铃）响。当电梯到达后应先让到达该层的乘客出来，然后再进入轿厢。

4）某层乘客看到停在该层的电梯正在关门而尚未起动运行前急需乘用电梯时，可不必向电梯门口冲去，只要撤按住该层的与电梯运行方向一致的方向召唤按钮，即可使电梯停止关门而重新开门。

5）进入电梯轿厢内的乘客应及时撤按轿内操纵箱上欲去层楼的指令按钮，该按钮内的记忆指示灯即被点亮，说明指令已登记好。尤其在轿厢无其他乘客时，更应及时撤按欲去层楼的指令按钮，否则会因电梯门关闭后所允许的其他层楼的厅外乘客的召唤信号而发车运行，可这一运行方向却可能与早先进入轿厢的乘客欲去的运行方向相反，这样就会大大降低电梯使用效率和延误先要电梯乘客的时间。

6）当电梯停在某层时，装运乘客的过程中，如轿内操纵箱上的"OVER LOAD"（超载信号）红色信号灯闪烁和发出断续蜂鸣声，说明电梯已超载，后进入轿厢的乘客应主动依次退出，直至灯不闪、铃不响为止。

7）乘客在电梯运行过程中，绝不允许在电梯轿厢内嬉闹和打斗，不然将会引起电梯不必要的故障及其他人身安全事故。

## 5.4.3　乘客在无司机状态下使用过程中紧急状态的处理

在集选控制电梯的无司机使用过程中，难免也会出现一些紧急故障情况，此时乘客应按下列办法进行应急处理。

1）由于电梯的超载装置失灵，在乘客大量涌入轿厢内时，很可能会使电梯大大过载，以致在电梯门未关闭或未发出开车指令时电梯就自行向下运行，而且速度越来越快。在此种状况下，每位乘客不应惊慌、不要妄动，绝不允许争先恐后地逃离轿厢。正确的做法是：

① 撤按轿内操纵箱上的警铃按钮报警，如有对讲机或电话机时，可以直接与电梯机房或电梯值班室或电梯主管部门联系，告知电梯故障情况。

② 轿厢内的所有乘客应尽可能远离轿门，当电梯继续下行，且速度也明显加快时，乘客应做好屈膝准备，这样在电梯蹲底时不致造成过大的伤害。

2）由于门电锁接触不好等原因而使电梯有运行方向且关闭好内外门后，仍不能运行时，乘客千万不能用手强行"扒门"。可以采取下列措施：

① 对一般集选控制电梯，只要撤按轿内操纵箱上的开门按钮，即可使电梯重新开门，乘客可以换乘另一台电梯。

② 在用开门按钮开门后，一部分乘客已离开电梯，剩下的乘客可以撤按关门按钮，令电梯再次关门，如果门电锁接通了，电梯即可自动运行。如果电梯再次关门后还不能运行，则可再次关门，并用手帮助关门，这样电梯就可能运行。如果还不行时，则应开门放客，并通过警铃按钮或对讲机或电话机告知电梯故障状况，并等候电梯检修人员修理。

3）如果电梯在减速制动后到达层站不开门，或平层准确度误差在 100mm 以上，或继续慢速"爬行"，乘客也可不必惊慌，这可能是由于开门感应器未动作。若平层误差很大，乘客仍能离开电梯轿厢，但应依次离开，不能争先恐后。若是不开门继续慢速"爬行"，则也不必用手强行"扒门"，让电梯到达两端站后，借上、下方向限位开关之助，使电梯停止运行则可开门。

在这种情况下，乘客也应通过警铃按钮，或对讲机或电话机告知电梯值班人员，通知电梯检修人员修梯。

## 5.5　电梯在检修状态下的操纵运行

对于每一台电梯，为排除故障或做定期维修保养，电梯的检修运行功能都是必不可少的。

对于一般信号控制、集选控制的电梯，其检修状态的运行可以在轿厢内操纵，也可在轿顶操纵。在轿顶操纵时，轿内的检修操纵不起作用，以确保轿顶操纵人员的人身安全和设备的安全。

参与检修操纵的人员必须经过电梯专业培训并获得当地劳动安全部门颁发的上岗操纵证。

### 5.5.1　检修操纵箱的结构与要求

不论是在轿厢顶上或是电梯机房内进行检修操纵运行，其检修操纵箱应具有图 5-9 所示的结构。

从图 5-9 中可知，该操纵箱上设置如下。

1）检修/正常运行的转换开关。该开关是双稳态的且设有无意误操纵的防护圈。只要这一开关处于检修操纵的位置（即进入检修运行），应取消：

① 正常运行，包括任何自动门的操纵。

② 机房内的紧急电动运行。

③ 对接操作运行。

2）轿厢运行应依靠一种持续揿压按钮，可防止意外操纵，并应标明运行方向。也就是检修运行时要通过持续揿压钮头不凸出而凹陷的且标明运行方向的按钮，才可使电梯

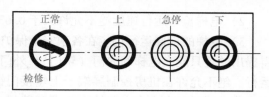

图 5-9　检修操纵箱的结构示意图

以检修速度（≤0.63m/s）向上或向下运行，当手松开该按钮后，电梯立即停止。

3）应设有一个双稳态的红色蘑菇形停止按钮或其他双稳态的不易误操纵的红色停止开关。

4）对于过去一些电梯产品，除了在轿厢顶上进行检修操纵外，还可在轿厢内进行检修操纵，则在轿厢顶的检修操纵箱上还应设有轿顶/轿内检修运行的转换开关。但值得注意的是：当该开关拨向轿顶检修操纵运行时，应通过该开关中的另一对触点迫使轿内无论何种操纵均不能使电梯运行（快速的或慢速的），而仅仅只能听从轿顶上的运行操纵。因此这种开关应该是双刀双掷的转换开关。

### 5.5.2　检修运行的操纵方法与注意事项

当电梯发生故障停运时或需做定期维修保养时，需令电梯处于检修运行状态，然后进行检修运行操纵，其方法如下。

1）轿内操纵。有司机操纵的电梯（包括按钮控制电梯和集选控制电梯）可以在轿厢内操纵检修运行。这时只要用专用钥匙将轿内操纵箱上的检修/自动/司机转换钥匙开关（参见图 5-2）由"司机"位置转换至"检修"位置，电梯即可进入慢速检修运行状态。需电梯慢速向上或向下运行时，司机只要持续揿压轿内操纵箱上的方向开车按钮，即可令电梯慢速向上或向下，当手离开按钮时，电梯立即停止运行。

当要撤消检修运行时，只要将插入的钥匙从"检修"位置转至"司机"位置即可。

2）在轿顶操纵时，首先要用专用的开启层门的三角钥匙将电梯所停层的上方一层层门打开，检修人员进入轿厢顶，立即揿下轿顶检修操纵箱上的红色停车按钮（或开关），使电梯绝对不能开动。其次再将有防护圈的正常/检修运行的转换开关拨向"检修"位置，拔出红色停车按钮（或开关），并把轿内/轿顶检修操纵开关（若有的话）拨向轿顶操纵位置，然后持续揿压有运行方向标记的方向按钮（向上或向下），即可使电梯慢速上行或下行。当手离开按钮后，电梯即可停止于井道内的任何位置，以方便于检修人员进行维修工作。

3）当需要检修电梯的自动门机或层门、轿门时，也首先要使电梯处于检修状态，然后在轿厢内持续揿压操纵箱上的开门按钮或关门按钮，即可令电梯门开启或关闭。待手离开关门按钮后，电梯门立即停止运行，并保持于所需的检修位置。

按国家标准要求，检修时的开关门操纵也只能在轿顶进行，在这种情况下只有切断自动门机附近的门机专用开关进行电梯门的控制，使其停止于开门宽度内的任何位置。若切断上述开关后也可用手操纵自动门机，以使电梯门停止于所需的位置，便于检修人员检修自动门机及层门、轿门。

检修操纵运行的注意事项：

1）进行电梯检修操纵运行，必须要有两名以上人员参加，绝不允许单独一人操纵。

2）电梯检修运行速度绝不允许大于0.63m/s。

3）电梯的检修运行仍应在各项安全保护（电气的、机械的）起作用的情况下进行。值得提出的是只能在电梯的内门（轿门）、外门（层门）全部关闭的情况下才可进行检修慢速运行。绝不允许在机房控制屏端子上短接门锁触点的情况下（即开着电梯门）运行。只有在十分必要时，在有专人监护下方可开着门（即短接门锁触点）运行一段很短的距离，一旦电梯停止运行，应立即拆除门锁短接线，不然可能造成难以想象的恶果。

## 5.6　电梯在消防状态下的使用操纵方法

对于一幢高层建筑大楼，按照国家消防规范的规定，大楼内至少应有一台或若干台可以供大楼火警时消防人员专用的电梯。

### 5.6.1　消防人员专用的消防电梯使用操纵方法

当大楼发生火警时，底层大厅的值班人员或电梯管理人员通过值班室的消防控制开关，或将装于电梯底层层门旁侧的消防控制开关盒上的玻璃窗打碎，把消防开关拨动，则不论电梯处于何种运动状态，均会立即自动返回底层开门放客。一幢大楼内虽仅有一台或若干台电梯可供消防人员使用，但只要消防电梯的消防开关投入工作后，除了消防梯自动返回底层外，其他不供消防员使用的电梯也应立即自动返回底层开门放客，停住不动。

当消防人员专用电梯返回底层后，消防人员应用专用钥匙将装置于底层召唤按钮箱上或电梯轿内操纵箱上标有"消防紧急运行"字样的钥匙开关接通，此时电梯即可由消防人员操纵使用，其具体操纵方法如下。

消防人员在接通消防紧急运行钥匙开关后，即可进入轿厢，揿按欲达层楼的指令按钮（只能按一个，连续按几个也无济于事），待该指令按钮内的灯点亮后，说明指令已被登记。然后再揿按操纵箱上的关门按钮，使电梯关门。但此时要注意：由于消防电梯运行时门的保护系统（光电保护、安全触板、本层开门等功能）全部不起作用，必须持续揿压关门按钮，直至电梯门全部闭合为止，如手一松开电梯将立即停止关门而不反向开启。而且在消防状态下某些电梯（例如迅达电梯公司的 Miconic – B 控制系统电梯）的开关门速度比正常运行时低三分之一左右，以保护某些惊慌的乘客乘用电梯。待电梯到达预定的最近一个层楼前一定位置自动发出减速信号，这一点与正常运行时情况一样。当电梯到达预定的最近一个层楼平面时，电梯即停车，并把原先登记的所有指令信号消除。电梯的开门也不是自动的，消防人员要在电梯停车后，持续揿压开门按钮后，电梯才能开门。之所以要这样，是为了防止大楼内惊慌的乘客乱闯入电梯而影响消防人员的灭火工作（但某些电梯却是到站后自动开门的）。如果消防人员还需到其他层楼的话，要再一次揿按指令按钮，即再重新登记选层指令后，电梯才能继续运行的。

### 5.6.2　消防人员使用操纵过程中应注意的事项

1）在消防紧急运行过程中应以灭火工作为首位。在保证灭火工作的情况下，尽力让楼内人员通过电梯迅速疏散。

2）在电梯到站停车，用手按开门按钮开门过程中，如发现火势严重或楼内人员集中，则消防人员中的一部分人员应投入灭火工作，另派 1~2 名消防人员将楼内人员引入电梯内迅速使电梯下行至底层疏散。在楼内人员进入电梯轿厢内时，电梯门只能开至 1/3 的开门宽度，以让乘客鱼贯而入，绝不允许蜂拥而入。

3）消防人员在操纵电梯的运行过程中应高度集中精力，密切注意火灾情况和楼内人员的疏散情况。尤其在停站时手动操纵开关门按钮而使电梯开关门时更要高度集中精力，维持和把守好电梯门口消防人员的出入，并应劝阻楼内人员不要惊慌而争先恐后地进入电梯，以免损坏电梯，影响灭火工作的进行。

4）待大楼灭火工作结束后，应由消防人员和电梯管理人员共同检查电梯是否有大量水流进入轿厢或电梯井道，各楼层的电梯层门是否有损坏或严重变形。待一切恢复正常后方可撤除消防运行状态而投入正常运行状态。

## 5.7 多台电梯的群控管理与使用操纵方法

在一幢大楼内有 2 台以上电梯时，为充分发挥和提高电梯的使用效率，一般情况下，几台集中在一起的互相靠近的电梯的电气控制系统会做成"群控"系统。一般的群控系统由 2~8 台电梯组成，当前我国有 2 台、3 台、4 台、5 台、6 台电梯组成的群控系统。

对于 2 台以上的电梯群控系统的使用管理，往往通过电梯群控系统专用的综合监控指示屏（见图 5-10、图 5-11）或电视监控器（见图 5-12）来实现。综合监控指示屏或电视监控器可以设置在电梯机房值班室，也可设置在电梯大厅的综合值班室内。

### 5.7.1 电梯群控的综合监控指示屏与电视监控器

综合监控指示屏的一般结构及其元件布置如图 5-10 和图 5-11 所示。

从图 5-10 和图 5-11 可知，群控梯组的综合监控指示屏面板上布置有：指示元件（指示灯或数码显示器）、控制操作开关（或钥匙开关、多刀开关）、按钮、对讲机（或电话）等。从整体结构来说，其由面板及其元件、盒体等所组成。综合监控指示屏可以做成台式安装或墙壁式挂装，一般做成台式，并与大楼内其他监控设备放在一起。

图 5-12 所示的是多台梯群的群控电视监视器示意图。由于微机系统具有极强的功能，因此通过该电视监视器，只要通过键盘输入不同的操作指令，在电视监视器上即可反映出梯群中各台电梯的实际运行情况及层外和轿内呼梯状况，使用十分方便。

### 5.7.2 多台电梯群控管理状态的转换与人工调度

在一般情况下，群控系统中的各台电梯均工作在无司机工作状态。当然也可工作在有司机状态，但其自动调度就不一定十分"听话"了，因为还受到电梯司机的主观能动性的影响。

当底层大厅值班人员发现电梯乘客出现排队现象（例如一个庞大的旅行团体刚刚来到），而此时电梯又不能自动转为"上行客流顶峰状态"（例如此时群控系统正好工作在下行客流量大的状态）时，为了能使大厅内的乘客尽快地到达各个楼层，则电梯管理人员可以将图 5-10 中的 KCT 开关（波段开关）由"自动选择"位置转向"人工选择"的位置，并选择其中一个工作状态（例如上行客流顶峰状态）。若群控系统是由微机系统控制的，则更为方便，只要通过人机对话，即管理人员通过键盘发出相应命令，就可使群控系统处于"上行客流顶峰状态"。

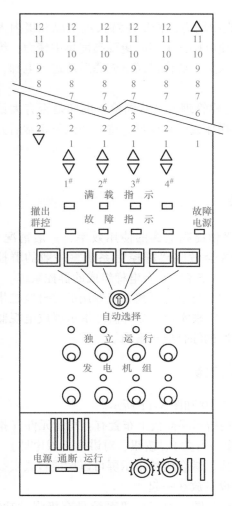

图 5-10　4 台群控梯组的综合监控指示屏的面板布置（指示灯式）

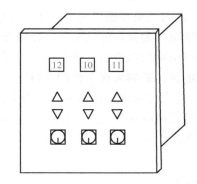

图 5-11　3 台群控梯组的综合监控指示屏的面板布置（数码显示式）

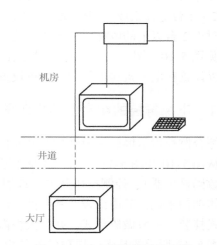

图 5-12　多台梯群的群控电视监视器示意图

当客流情况有所缓解时，则应将图 5-10 中的 KCT 开关转换至"自动选择"位置。

群控系统中有一台以上电梯处于独立专用状态或检修状态时，则会自动撤出群控的调度系统。一旦状态结束，就应让这些电梯投入系统中的自动调度工作状态。

### 5.7.3　群控系统中紧急状态的处理与注意事项

在群控系统中某台电梯出现故障或群控调度系统有故障时，整个系统的应变能力大大强于非群控系统（例如 2～3 台电梯的并联运行控制系统），但若电梯值班管理人员不予处理的话也会影响电梯系统的调度能力。电梯的故障状况可以从综合监控指示屏或是电视监视器上观察到。

在有故障的情况下，一方面通过对讲机（或是电话机）与电梯轿厢内的乘客取得联系，宽慰乘客不要惊慌，不要自行"扒门"，以等待电梯检修人员前来抢修和解救。另一方面，电梯管理和值班人员应立即通知电梯检修人员和本单位的电梯日常维修保养人员，解救被困在故障电梯轿厢内的乘客。

对于微机控制的群控系统，则值班人员一方面通知电梯检修人员和本单位的日常电梯维护保养人员前去解救，另一方面通过人机对话系统和本身的故障自动记录系统，查询故障出于何处，以利电梯检修人员到来后能迅速、正确地排除故障。

由于是2台以上电梯组成的群控系统，因此在处理紧急事故时要密切注意临近电梯的运行情况，以免产生新的不必要的危险和故障。

1. 无司机状态操纵使用前的准备工作有哪些？
2. 管理人员的基本要求有哪些？
3. 简述检修操作时的注意事项。
4. 怎样理解"轿顶检修优先"？

# 第**6**章
## 电梯安全事故分析与对策

　　近年来关于电梯伤人的事故时有发生，引发了社会各界的讨论。有对电梯安全进行分析的，也有从法律层面对该事件的赔偿进行分析解答的，那么电梯事故中的法律责任是怎样的？

**电梯事故**

　　2015年7月26日上午10点10分，荆州沙市安良百货内，一位妈妈带着儿子搭乘商场内手扶电梯上楼时遭遇电梯故障。在危险的时刻她将儿子托举出了险境，自己却被电梯吞没后身亡。

　　图6-1为荆州沙市安良百货内发生事故的电梯。

图6-1　荆州沙市安良百货内发生事故的电梯

**法律责任分析**

　　我们从所得信息进行法律分析如下：

　　在该起事件中，安良百货是商场，是从事娱乐等经营活动的法人或其他组织；电梯是该商场内的基础设施且属特种设备，其运行、维护、维修的责任均应由相关专业部门进行负责。出事妈妈和儿子进入商场后，商场应在合理限度范围内对两人尽到其安全保障义务。暂且不论该商场及维护方对该电梯是否进行了合理的维护和维修，但孩子的妈妈确实是因该电梯而遇难。故接下来，除商场等相关部门进行事故调查外，作为出事妈妈的家人有权利要求商场承担相应的赔偿责任。

　　赔偿权利人主体：

　　根据相关规定，受害人的近亲属包括了配偶、父母、子女、兄弟姐妹、祖父母、外祖父母、孙子女、外孙子女。本次事件中，当事人的配偶、父母、子女等均可以作为赔偿权利人主张赔偿责任。

**赔偿义务人主体：**

电梯属特种设备，在事故责任划分调查结果出来前，尚不能判断真正的赔偿义务人及责任比例。但商场作为电梯的使用单位，难逃赔偿责任。

**赔偿责任认定要件：**

1）损害事实。本次事件中当事妈妈遇难已成损害事实。

2）电梯使用方、日常维护方存在过错或电梯存在设计瑕疵。通常情况下，因电梯属于特种设备，电梯所有方或管理方会聘请具有专业资质的电梯维护单位对电梯进行维护、检修，故电梯日常维护方负有保证电梯安全运行的义务，日常维护方存在的过错包括对电梯维修不及时、保养不及时、未按技术规范对电梯进行检查和调整等；电梯设计上的瑕疵是指在设计、施工、建造、安置、装设上存在瑕疵，如缝隙过大设计不完备、所用材料有质量问题、施工不良等问题，是电梯本身先天就有的欠缺。本次事件中，需要对事发时电梯的状态、是否处于维修状态、电梯维修、维护记录等进行查证。

3）当事妈妈遇难的损害结果与电梯使用方、日常维护方等存在的过错或电梯的设计瑕疵具有直接的因果关系。

## 6.1 电梯事故的分析与预防

### 6.1.1 电梯事故的类型分析

电梯事故有人身伤害事故、设备损坏事故和复合性事故。

**1. 人身伤害事故**

电梯人身伤害事故的主要表现形式有：

1）坠落。如因层门未关闭或从外面能将层门打开，轿厢又不在此层，造成乘客失足从层门处坠入井道。

2）剪切。如当乘客踏入或踏出轿门的瞬间，轿厢忽然起动，是乘客在轿门与层门之间的上下门坎处被剪切。

3）挤压。常见的挤压事故，一是乘客被挤压在轿厢围板与井道壁之间；二是乘客被挤压在底坑的缓冲器上，或是其肢体部分（如手）被挤压在转动的轮槽中。

4）撞击。撞击常发生在轿厢冲顶或蹾底时，乘客的身体撞击到建筑物或电梯部件上。

5）触电。乘客身体接触到控制柜的带电部分，或施工操作中人体接触设备的带电部分及漏电设备的金属外壳。

6）烧伤。一般发生在火灾事故中，乘客被火烧伤。在使用喷灯浇注巴氏合金的操作中，以及进行电焊和气焊操作时，也会发生烧伤事故。

7）被困。电梯停电或发生故障停梯，导致乘客被困在轿厢内，有时会发生由于被困乘客擅自搬开轿门、层门逃生或采取不正确的救援方法而导致被困乘客坠落井道的严重事故。

### 2. 设备损坏事故

（1）机械磨损
常见的有曳引线轮槽磨损、钢丝绳断丝、有齿曳引机蜗轮蜗杆磨损严重等。
（2）绝缘损害
电气设备的绝缘损坏或短路，烧坏电路板；电动机过负荷，其绕组被烧毁。
（3）火灾
使用明火时操作不慎引燃物品或损坏电气线路绝缘，造成短路、接地打火引起火灾，烧毁电梯设备，甚至造成人身伤害。
（4）湿水
常发生在井道或底坑，会造成电气设备浸水或受潮甚至损坏、机械设备锈蚀等。

### 3. 复合性事故

复合性事故是指事故中既有对人身的伤害，又有设备的损害。如发生火灾时，既会造成人的烧伤，也会损坏电梯设备；又如制动失灵，造成轿厢坠落、轿厢内乘客伤害等。

## 6.1.2 电梯事故的多发部位分析

电梯在设计、制造时，已从多方面考虑到保证人身安全的问题，但每年仍有电梯人身伤亡事故发生。

发生事故的原因主要有：电梯的安装不合格，留下事故隐患；电梯的管理、使用、维护规章制度不健全或不落实，电梯失保失修，有的"带病"运行；电梯司机、维护人员素质差，有的无证上岗，有的违章作业等。

电梯易发生人身伤亡事故的部位主要在层门、轿厢及轿顶、底坑、机房等处。因此必须引起注意，分析其产生事故的原因，加强安全教育、提高安全意识，采用安全措施，消除隐患，防止事故产生。

## 6.1.3 电梯事故的发生原因分析

电梯事故的原因，一是人的不安全行为，二是设备的不安全状态，两者互为因果，人的不安全行为可能是教育或是管理不够引起的；设备的不安全状态则是长期维护保养不善造成的。在引发事故的人和设备两大因素中，人是第一位的，因为电梯的设计、制造、安装、维修、管理等都是人为的。比如操作者将电梯电气安全控制回路短接起来，使电梯处于不安全状态，处于不安全状态的电梯，会引发人身伤害或设备损坏事故。具体每个事故发生的原因各有不同，可能是多方面的，甚至可以追溯到社会原因和历史原因。现将电梯事故原因用如图 6-2 所示的框图表示出来。

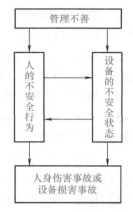

图 6-2　电梯事故原因

### 6.1.4 电梯事故的预防分析

我国安全工作的指导方针是"安全第一，预防为主"，电梯业的安全工作也必须在该方针指导下进行。

**1. 电梯事故是可以预防的**

电梯事故的发生有时看似偶然，其实有其必然性。电梯事故有其发生、发展的规律，掌握其规律，事故是可以预防的。比如坠落事故，许多事故的发生原因都基本相同，都是在层门可以开启或已经开启的状态下，轿厢又不在该层时，乘客误入层门造成坠落事故。如果吸取教训，改进设备使其处于安全状态，只在轿厢停在该层时，该层层门方能被打开，便可以杜绝此类事故的发生。

**2. 预防电梯事故需全面治理**

产生事故的原因是多方面的，既有操作者的原因，也有设备本身的原因以及管理原因；有直接原因，也有间接原因，甚至还有社会原因及历史原因。如电梯安装及维保工作交由不具备相应资质的单位或个人承担，从而导致事故的发生，这就是人为的原因。在我国，有的在用电梯出厂在先，国家标准出台在后，电梯产品不符合国家标准，这是发生事故的历史原因。所以，预防电梯事故必须进行全方位的综合治理。

**3. 预防电梯事故的措施**

预防电梯事故的措施有教育措施、技术措施和管理措施，需要做好这三方面的工作。

（1）教育措施

教育措施是指通过教育和培训，使电梯操作者掌握安全知识和操作技能。目前实施的电梯作业人员安全技术培训考核管理办法，就是一项行之有效的措施。随着科学技术的进步，新的产品、机械的技术不断涌现，知识更新教育也是培训的内容之一。

（2）技术措施

技术措施是对电梯设备在设计、制造、安装、改造、维修、保养、使用的过程中，从安全的角度采取的措施，这些措施有：

1）坚持设计标准，满足安全要求。

2）产品质量必须符合国家标准。

3）提高安全质量，坚持验收、试验标准和检验标准。

4）有完好的安全装置和预防装置。

5）做好维修保养工作，及时消除设备缺陷。对不符合安全要求的部件或电路，及时改造，使之符合安全要求。

（3）管理措施

国家和地方行政管理部门制定和颁布的有关安全方面的法律、法规、标准，企业单位制定的规章制度，必须认真贯彻执行。主要工作有：

1）建立、健全安全工作管理机制，明确安全管理人员的职责。

2）坚持"安全第一，预防为主"的指导方针，建立、健全安全管理制度。

3）定期组织学习有关法律、法规，使作业人员了解标准、掌握标准并执行标准。

4）制定好安全计划、开展安全活动，对电梯事故进行事故分析，总结经验，吸取教训。

5）做好劳动防护用品的使用管理工作。这里要特别指出的是，从事电梯电气设备的运行维修工作时，应按低压电路运行管理规程的要求，穿戴好防护用品，如工作服、绝缘鞋等。但在实际工作中，有的单位不配置工作服和绝缘鞋。操作者违反规定，穿背心、短裤、拖鞋上班，更是比较常见。这些都是劳动防护用品管理使用不当的表现。以前曾发生过因未穿戴劳动防护用品而造成触电死亡的事故，这个问题应引起有关方面的重视，也应引起每个操作者的重视，生命只有一次，我们务必善待之。

## 6.2 电梯危险性分析与对策

### 6.2.1 电梯设计、制造过程中危险性分析与对策

1）电梯设计过程中安全保护系统和防护设施存在缺陷，如轿厢顶部未设护栏，往往会成为电梯运行、检修过程中的隐患。

2）制造过程中没有遵守国家相关标准、法规而达不到要求，形成事故隐患。

### 6.2.2 电梯安装、改造、维护过程中危险性分析与对策

1）安装单位没有资质或相关人员专业水平不够，有可能带来事故隐患。

2）作业人员未经过专业培训，未掌握电梯基本知识和维护知识，或由于作业人员心情不好、注意力不集中等原因，可能导致作业过程中误操作而引发各类安全事故。

3）在维护电路或动作部件时，作业人员未切断电源开关，或者在电源开关上未挂上警告标志或上锁，其他操作人员因未注意而合上开关，可能导致事故发生。

4）在施工现场，如果机房、层门出入口等机器相对运动的危险位置未设置防护栏、安全警示标志，操作人员或有关乘客由于不注意，可能造成误操作和机械伤害。

5）电梯是综合、交叉作业较多的机器设备，作业人员会分布在机房、轿顶、底坑、导向轮间、轿内等不同位置，人员之间若联系不好，通信不畅，就有可能引发各种事故。

6）在维护过程中，由于线路和设备绝缘不好，可能造成人员电击伤害，或由于停电等突发情况而造成事故。

7）电梯维护地点和通道没有设锁或管理不严，未设安全标志，有可能造成事故。

8）维护地点的空间太小，地面材料不防滑，在可能发生坠落的地方没有合格的防护设施，可能会发生坠落事故。

9）维护人员在进入轿厢或对重运行的空间，受控制的部件没有停止时，可能对人员造成机械伤害。

10）在底坑对重区域内未设置护栏，有可能发生作业人员被挤压的情况。

11）维护过程中若照明不足，控制器没有设置明显标志，人员由于误操作可能会导致各种事故发生。

12）个人防护用品没有按规定穿戴好，没有应急措施，有可能引发事故。

### 6.2.3 电梯检验过程中危险性分析与对策

1）实施现场检验时，环境条件不具备。《电梯监督检验规程》中第8条所列举的检验条件不具备或现场照明不良，检验场所有沟、坑、洞及油污、异物等，可能会诱发检验人员失误，进而导致事故发生。

2）检验人员未按规定穿戴好劳动防护用品，或指挥、操作、监护等作业错误时也易引发伤害事故。

3）在检验时，因漏电、接地使装置损坏，或绝缘防护不良，触及高压线路，供电动力线路破损，使用的电气设备、手动电动工具不符合电气安全规范要求，检验人员违章带电作业，都有可能引发电击（触电）事故。

4）检验人员在轿顶检验时，有可能被井道顶碰撞或受轿厢、导轨架、对重架剪切。如身体误伸出轿顶护栏，有可能被上升的对重撞击。

5）检验人员在底坑检验时，若未站好或操作不当，就有可能被轿厢护脚板剪切、被轿底部件挤压。

6）试车时，旋转的曳引轮和移动的钢丝绳都有可能使检验人员受到伤害。

7）对限速器做动作速度校检时，检验人员的手指有被钢丝绳挤压的可能。

8）在对制动器、夹绳器等进行校检时，检验人员有被旋转的运动部件伤害的可能。

9）当检验人员从层门进入轿顶进行井道内项目检查时，有被运动的轿厢剪切的可能。

10）电梯在做运行试验时，若轿门无关闭锁或警示，有可能使乘客误入轿厢造成剪切事故。

11）检验人员用三角钥匙打开层门时，若未观察轿厢所处层站，可能会踩空造成高处坠落。

12）检查层门、层门地坎或检验导轨等项目时，误操作可能会造成摔落伤害。

### 6.2.4 电梯使用过程中危险性分析与对策

1）作业人员自身知识和职业技能会影响到电梯的使用安全。如相关人员未经过专业培训，未持证上岗，专业技能知识不够，或在作业过程中因性格、习惯、心情等原因误操作，都可能会造成各种事故。

2）乘坐人员盲目超载，可能会引发轿厢坠落而造成人员伤亡。

3）乘坐电梯时，乘坐人员用手扒门或身体靠着电梯门等原因可能引发夹人、机械伤害。

4）乘坐人员无故踢门、用钥匙等其他硬物按触按钮、在电梯门缝乱倒垃圾，均有可能造成电梯故障，从而引发各种事故。

5）因日常维护不周，可能导致设备及相关附件损坏、防护设置失效或受损而引发事故。

6）电梯过度运行，没有经过检查或超过检验有效期继续运行；电梯上的警示标志牌损坏或不明显，没有引起乘坐人员注意时，容易引发事故。

7）电梯控制系统由于各种原因发生故障，无法正常控制时，容易引起各种事故。

8）使用单位未建立完善的电梯管理制度或有完善的制度不执行，都有可能引发事故。

### 6.2.5 电梯发生意外事故时的紧急处理措施

#### 1. 发生火灾时的紧急处理措施

发生火灾时应立即停止电梯的运行，并采取如下措施：

1）及时与消防部门取得联系并报告有关领导。

2）发生火灾时，对于有消防运行功能的电梯，应立即按动"消防"按钮，使电梯进入消防运行状态，供消防人员使用；对于无此功能的电梯，应立即将电梯直驶到首层并切断电源或将电梯处于火灾尚未蔓延的楼层。

3）使乘客保持镇静，组织疏导乘客离开轿厢，从消防楼梯撤走。将电梯置于"停止运行"状态，用手关闭层门并切断总电源。

4）井道内或轿厢发生火灾时，应立刻停梯疏导乘客撤离，切断电源，用二氧化碳灭火器、干粉灭火器灭火。

5）共用井道中有电梯发生火灾时，其余电梯应立即停于远离火灾蔓延区，并切断电梯总电源。

6）相邻建筑物发生火灾时也应停梯，以免因火灾停电而造成困人事故。

#### 2. 发生地震时的紧急处理措施

国务院发布的《破坏性地震应急条例》于1995年4月1日起实施。对于破坏性地震，将有省、自治区、直辖市人民政府预报，有关地方人民政府在临时应急期，将根据实际情况向预报区居民发布紧急处理措施，电梯是否停运、何时停用，应由有关部门决定，电梯管理部门应遵照执行。

对于震级和烈度较大、震前又没有临震预报而突然发生的地震，很可能来不及采取措施。在这种情况下，一旦有震感应就近停梯，乘客离开轿厢就近躲避。如被困在轿厢内则不要外逃，保持镇静待援。

地震过后应对电梯进行检查和试运行，正常后方可恢复使用。当震级为4级以下、烈度为6度以下时，应对电梯进行如下检查：

1）检查供电系统有无异常。

2）检查电梯井道、导轨、轿厢有无异常。

3）以检修速度做上下全程运行，发现异常立刻停梯，并使电梯反向运行至最近层站停梯，通知专业维修人员检查修理。如上下全程运行无异常现象，在多次往返试运行无异常后，方可投入使用。

当震级为4级（含4级）以上、烈度为6度以上时，应由专业人员对电梯进行安全检查，无异常现象或对设备进行检修后方可试运行，经过多次试运行一切正常后方可投入使用。

所有检查修复工作都要填写详细的记录并存档。

#### 3. 电梯湿水时的紧急处理措施

电梯机房处于建筑物最高层，底坑处于最底层，井道通过层站与楼道相连。机房会因屋顶或门窗漏雨而进水；底坑除因建筑防水处理不好而渗水外，还会因暖气管道及上下水管道、消防栓、家庭用水的泄漏使水从楼层流经井道遭受水淹。当发生湿水事故时，除从建筑设施上采用堵漏措施外，还应采取以下应急措施：

1）当底坑出现少量进水或渗水时，应将电梯开到二层以上，停止运行并切断电梯的总电源。

2）当楼层发生水淹而使井道或水坑进水时，应将电梯轿厢停在进水层的上两层处并将电梯电源切断。

3）当电梯底坑、井道或机房进水很多时应立即停用电梯、切断电梯的总电源开关，防止发生线路短路、人员触电等事故。

4）当发生湿水时应迅速切断漏水源，设法使电梯电气设备不进水或少进水。

5）对湿水电梯应进行除湿处理，如采用擦拭、热风吹干、自然通风、更换管线等方法。确认湿水消除，绝缘电阻值符合要求后方可试运行，试运行无异常后方可投入运行。对微机控制电梯，更需要仔细检查防止烧毁电路板。

6）电梯恢复运行后，详细填写电梯湿水检查报告、湿水原因、处理方法、防范措施，记录清楚并存档。

## 6.2.6 电梯运行中突发事件的应急处理

### 1. 乘客

乘客被困后，最好的方法就是按下电梯内部的紧急呼叫按钮，这个按钮一般会跟值班室或者监视中心连接；如果呼叫有回应，被困乘客要做的就是等待救援。切忌撬门，因为电梯在出现故障时，门的回路会发生失灵的情况，这时，电梯可能会异常起动，如果强行扒门就很危险，可能发生剪切，这种剪切很容易造成人身伤害。不少乘客害怕发生故障的电梯可能会坠落，其实这样的担心是不必要的。电梯从设计方面是相当安全的（除非电梯设计本身存在缺陷），它的悬挂系统一般是3根或3根以上的钢丝绳，那么这个安全系数相当于12倍，例如，一个轿厢可以乘10个人，它从设计方面乘120个人都没问题。电梯还有一套防坠落系统，包括限速器、安全钳以及底部的缓冲器。一旦发现电梯超速下降，限速器首先会让电梯驱动主机停止运转。如果主机仍然没有停止，限速器就会提升安全钳使之夹紧导轨，强制轿厢停滞在轨道上，另外在一定速度内如果直接撞击到缓冲器上，轿厢也会停下来。在狭窄闷热的电梯里，许多乘客担心受困后会窒息而死，那被困电梯到底会不会闷死人呢？国家标准有严格的规定，电梯要达到通风的效率，才能够投放市场，另外，电梯有很多活动的部件，如连接的位置轿壁、轿顶和连接键，它们之间都有缝隙，这些缝隙一般来讲足够人的呼吸需要。所以当乘客遇到电梯突发事件时最重要的是保持冷静，及时报警。

报警无效时刻的求救方法有：

1）可以大声呼叫，或者拍打轿壁门。用鞋子拍门更响一点，主要目的就是把求救的信息告知外界。

2）在有些大城市，打"110"也可以取得呼救的效果。

3）如果暂时没有动静，被困乘客最好保持体力，间歇性地拍门，尤其是听到外面有了响声再拍。在救援者尚未到来期间，宜冷静观察，耐心等待。

如果电梯非正常下坠，乘客应当迅速切换保护姿势，整个背部跟头部紧贴电梯内墙，呈一直线，膝盖呈弯曲姿势。如果电梯里有手把，一只手紧握手把。不论有几层楼，赶快把每一层楼的按键都按下。因为电梯下坠时，乘客不会知道它会何时着地，且坠落时很可能会全身骨折而死。所以第一点是当紧急电源启动时，电梯可以马上停止继续下坠；第二点是固定所在位置，不要因为重心不稳而摔伤；第三点是运用电梯墙壁作为脊椎的防护；而第四点是最重要的，因为韧带是人体唯一富含弹性的一个组织，所以借用膝盖弯曲来承受重击压力，它比骨头可承受的压力大。

### 2. 救援人员

1）实施救援的人员或用户相关人员，首先应尽快同轿厢内被困人员取得联系，并告之，很快就可救援解困，不要紧张，不要试图自行出来。

2）切断电梯主电源（若停电，也要将主电源开关置于"off"位置）。

3）通过层站数码显示或者打开层门三角锁（注意开锁安全事项），无机房电梯可通过井道窥视孔，确定轿厢所停位置。

4）电梯轿厢停在平层区（门区），可直接用厅门三角锁打开层门和轿门，协助被困人员安全离开轿厢。

5）电梯轿厢停在非平层区（门区），采用如下方法救援：

① 轿门应保持关闭，如轿门已被打开，则要求被困人员将轿门手动关上，并再三告之被困人员"保持镇静，不要乱动，轿厢将会移动"。

② 两人用力把持住曳引机上的盘车手轮，防止机械松闸时电梯意外地或过快地移动，然后另一人采用机械方法松开抱闸。

③ 按正确方向（可能上，也可能下），就近方便地缓慢地将电梯轿厢移动到平层区（门区）。

④ 松开抱闸的时间一定要断续地、松松停停，保证电梯的移动速度很低（不大于0.1m/s）。

⑤ 移动到平层区（门区），可用三角锁打开层门和轿门，协助被困人员安全离开轿厢。

⑥ 在无机房电梯中，若是同步无齿轮曳引机，则采用电控救援，电动松闸后利用轿厢移动，使之平层。其他方法同上，使乘客解困。

抱闸扳手及盘车手轮的使用方法：

① 确认已断开机房主电源，防止主机意外动作。

② 拆掉主机轴端旋转编码器防护罩，将盘车手轮套于轴端，拧紧固定螺栓。

③ 将抱闸扳手靠于抱闸铁心上，用力拉下扳手，即可松开抱闸。

④ 抱闸松开后，转动盘车手轮，即可使轿厢上下移动。

⑤ 进行盘车操作时，必须两人配合，一个控制抱闸扳手，另一个人把住盘车手轮，并根据需要转动手轮。

**注意**：在任何情况下，特别是轿厢内有乘客时，不得直接松开抱闸，让电梯溜车。

⑥ 盘车操作完成后，必须取下盘车手轮，防止试车时甩出伤人。

## 6.3 电梯事故案例分析

### 6.3.1 救援不当

**1. 事故经过**

某医院一台电梯控制系统故障，电梯突然停在 6 层与 7 层之间，当时有 5 位乘客被困轿厢内，被困人员直接按轿厢内的紧急报警按钮，该医院工程部电梯管理人员接到救援电话马上到现场解救被困人员。当时电梯没有在平层位置，轿厢地坎高出 6 楼层门地坎约 1200mm，电梯管理人员将轿厢门扒开后，又将 6 层门联锁人为脱开，乘客中的年轻人纷纷跳离轿厢。轿厢内一女乘客觉得轿厢地面与 6 层地面离得太远不敢跳，只好面朝轿厢，两只手抓住轿厢地坎往外爬。女乘客个子不高，她的脚刚够到 6 层地面，由于女乘客的身体重心偏向轿厢一侧，她整个身体从轿厢地坎护角板下端与 6 层地坎之间的空隙处跌入井道，摔在底坑坚硬的水泥地上，造成头部粉碎性骨折，身体多处受伤，当场昏迷不醒，当即送往该医院急诊室抢救，因伤势太重抢救无效于次日死亡。

**2. 事故原因分析**

1）不正确的紧急救援方法是造成事故的主要原因。

当轿厢停在 6 层与 7 层之间时，轿厢地坎下侧距层门地坎之间有 1200mm 的间隙，尽管有护角板（750mm）阻挡，但仍然有 500mm 间隙，有致人坠入井道的客观条件。

2）电梯管理人员和乘客缺乏安全意识。

乘客从未遇到过这种情况，无法正确处置情有可原，而电梯管理人员应当意识到从该位置离开轿厢是有一定危险的，应当阻止乘客在不安全状态下疏散，更不能鼓励和支持、协助乘客在电梯处于不安全状态下撤离轿厢。应一方面耐心、细致地做乘客的工作，一方面与电梯维保单位的有关人员联系等待救援。按规定，轿厢地坎距地面 600mm 以上时，不能出入轿厢。

3）有关领导对操作人员管理不严，操作人员对疏散乘客的安全操作还不能很好地掌握。

总之，该人身伤害事故是人的不安全行为造成的，是直接原因导致的。有关领导对操作者管理不严是造成事故的间接原因。

### 6.3.2 电梯超载

**1. 事故经过**

上海某电梯运行的速度是 1.75m/s，额定载荷为 1000kg。当时施工单位在 1 楼不断往轿厢内搬运玻璃，这时电梯轿厢突然发生溜车并且速度越来越快，将正要跨出电梯层、轿门的一搬运工夹住并带到 B2 层，造成死亡事故。

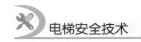 

2. 事故原因分析

1）直接原因是事故发生时严重超载（载重约 1850kg），超过额定载荷将近 1 倍。

2）未严格执行电梯安全管理制度。如：电梯安全警示被轿厢内包裹材料遮挡，安全管理人员及保安人员未到现场实施监督。

3）电梯的维护保养方未尽到安全跟踪职责。如：电梯的超时、超重安全警告蜂鸣器未响。

4）运送货物者缺乏应有的安全使用知识，未遵守电梯使用的安全管理制度。

### 6.3.3 电梯三角钥匙管理不当

1. 事故经过

某写字楼一台 15 层 15 站客梯刚交付使用不久，每层层门都装有层门紧急开锁装置。该单位保安暂住 6 楼。一天晚上，保安赵某拿着三角钥匙在 6 层像往常一样很熟练地打开层门，一脚踏了进去，谁知轿厢并不在该层，赵某一脚踏空，从 6 层跌入井道后摔在停在 1 层的轿厢顶，又从轿厢顶跌入底坑，头部受损，当场死亡。

2. 现场勘查及了解情况

检查该梯 6 层门联锁和紧急开锁设置都正常，有三角钥匙可灵活开启，层门自锁闭装置灵活有效。经了解，紧急开锁的三角钥匙应该由单位的电梯管理人员保管，不得随意借给或交与其他人员。三角钥匙平时由赵某带在身上，发生事故时没有其他人与他在一起，他坠落时的惊叫声和碰撞声，惊动了 1 层的候梯人，后将电梯开到 2 层，打开 1 层层门才看到摔伤致死的赵某。

3. 事故原因分析

受害人用三角钥匙打开 6 层层门，没有观察轿厢是否停在本层而误入井道致死是事故的直接原因，管理不善是事故的间接原因。该单位把 3 把三角钥匙交给没有取得特种设备作业人员的资格证书的其他人员，埋下了事故隐患。受害人本人的不安全行为引发了人身伤害事故。管理不善还表现在没有按照国家标准的要求去做。GB 7588—2003《电梯制造与安装安全规范》中 7.7.3.2 条 "紧急开锁" 中规定："每个层门均能从外面借助于一个与附录 B 中规定的开锁三角孔相匹配的钥匙开启。这样的钥匙应只交给一个负责人员。钥匙应带有书面说明，评述必须采取的预防措施，以防止开锁后因未能有效地重新锁上而可能引起的事故。" 该单位对三角钥匙没有专业人员管理，钥匙上也没有书面说明。该单位也没有电梯管理制度和安全操作规程，电梯管理工作空白。

### 6.3.4 电梯司机擅离岗位

1. 事故经过

某市一中型机械厂半成品仓库电梯司机把电梯开到最高层（5 层）后，因任务不忙，又时值冬季，在电梯轿厢内太冷，故擅自离岗去5楼休息室取暖。此时仓库两名职工经过电梯门口处，见电梯门大开，驾驶员不在，就擅自进入轿厢，将电梯开往底层，但是电梯下行至3楼与2楼之间时，由于门刀碰到了3楼层的门锁滚轮，使电梯停止不动。电梯司机听到电梯运行声，急忙从休息室出来，发现电梯被人开走，他从层楼显示器看到电梯已在2楼（实际电梯还未到2楼平层位置），于是急忙赶到2楼。只见2楼层门已被打开，轿厢停在2楼平面高1.2m左右的地方，为了排除故障，司机借了一只方凳放在2楼电梯门口，人站在方凳上，手扒在轿厢地坎上，准备爬入轿厢。当一只脚向上跷的时候，因重心不稳，连人带方凳跌入地坑，当场死亡。

### 2. 事故原因分析

1）司机擅自违章离岗。

2）司机未采取正确方法进入轿厢。

3）非电梯司机动用电梯。

## 6.3.5　不安全乘坐电梯

### 1. 候梯时踢、撬、扒层门

候梯时踢、撬、扒层门，有可能导致乘客坠井道或被轿厢剪切，造成人身伤害事故。

例如：2002年6月20日，某酒店一乘客宋某由于身体疲劳，右手扶墙，左手倚靠电梯层门，身体向电梯方向前倾呈休息状态，恰好给电梯层门施加了一定的水平外力，导致16楼层门开启，宋某失去平衡，坠入电梯井道死亡。

### 2. 使用带故障运行的电梯

在未消除电梯故障的情况下继续使用电梯，极有可能发生人员伤亡的事故。

例如：2006年8月12日晚，台风登陆带来暴雨，由于窗户未关，某住宅楼的电梯在长时间严重浸水的情况下发生故障停止运行。次日上午7时，在明知该电梯已经出现故障的情况下，使用单位仍开启电梯，一女住户推着婴儿车进入电梯轿厢后，在开门状态下电梯突然起动运行，致使该住户被夹在井道和轿厢之间，当场死亡。

### 3. 未看清电梯轿厢情况下乘坐电梯

在未看清电梯轿厢是否停靠在本层的情况下盲目进入电梯，将导致人员坠落等事故发生。

例如：2002年5月2日，某公司杂工吴某将货物用载货电梯从1楼运送到4楼。当他拉着车准备从4楼回到1楼时，盲目进入电梯，但电梯轿厢已不在4楼层站，造成连人带车从4楼坠落，当场死亡。

### 4. 电梯运行中跳出轿厢

电梯因故障在开门的情况下运行或溜车，乘客如从电梯中跳出，极易发生人员剪切事故。

例如：2003 年 9 月 1 日，某公司电梯发生故障，修理工陈某带朋友丁某前去维修。陈某在机房短接层门和轿厢门电气回路后，在 7 楼起动电梯，当时 7 楼轿门敞开，电梯起动时，丁某突然从轿厢内向外跑，被轿厢带倒，一直被拖到 3 楼，被挤压致死。

5. 电梯报警时仍然向轿厢里挤或搬运物品

此时将造成无法关门，影响电梯影响效率，同时会导致电梯不平层，情况严重时将导致曳引绳打滑，轿厢会下滑，造成人员剪切事故发生。

例如：2000 年上海某宾馆，搬运工从 1 楼搬运水泥到地下 2 层，在电梯超载报警后搬运工仍然搬运水泥进轿厢，此时电梯在严重超载情况下轿厢忽然下滑，直至轿厢底碰到缓冲器为止，所幸没有造成人员伤亡。

6. 在电梯内打闹跳跃

乘客不可在电梯轿厢内打闹、跳跃，特别是运行过程中的电梯轿厢内，这很容易导致电梯安全装置误动作，发生困人事故以及伤亡事故。

例如：2006 年上海某大学一男生乘坐电梯时，当时轿厢内只有他一个人，电梯从 15 楼下行时，他在轿厢内猛跳了几下，导致轿顶安全钳电气开关动作，电梯突然停在运行，造成该学生头部、手臂碰撞到轿壁严重受伤。

## 6.3.6 擅自使用不合格、未经检验或报停的电梯

1. 事故经过

裘某到某单位制冰车间购冰，与该车间人员之一朱某、电梯的司机姚某一起乘电梯到 5 楼，裘、朱两人出梯后，姚某将层门、轿门用手关闭，开电梯到 6 楼。朱某进入 5 楼冷库提冰，裘某站在电梯门外。待朱某从冷库出来后，看见层门打开，门口只剩下 1 只鞋，向井道深望，发现裘某已跌落至 1 楼，朱某迅速奔到 1 楼与车间其他人员将裘某救出送至医院，裘某经抢救无效死亡。

2. 事故原因分析

1）使用单位擅自使用经检验不合格，且已于出事前被书面告知存在严重事故隐患并责成立即停止使用的电梯，是本次事故的主要原因。使用单位擅自拆除电梯层门两门扇间的机械连接装置，致使 4 层门锁紧装置及其电气连锁失效，是此次事故的间接原因。
2）电梯司机为已退休人员，且电梯操作证已过期，属无证上岗。
3）制冰车间没有建立落实安全生产责任、明确安全操作规程的相关安全生产管理制度。
4）企业法人未对员工进行安全教育、培训，安全意识淡薄，安全生产管理失职。

## 6.3.7 电梯溜车

1. 事故经过

2000 年，某小区宿舍楼的一台客梯发生溜车，该梯为一台 PLC 控制的调压调频调速电

梯，由司机操作。事发当日，8楼有人呼梯，司机操纵电梯从1楼前往应答，到达8楼后电梯自动开门，一位老者拄拐进入轿厢，在轿、厅门尚未完全关闭时，电梯便向上运行，致使乘客摔倒，司机欲拉乘客未果，立即操作"急停"及"检修"开关，此时乘客被卡于轿厢地坎与8楼层门上端钩子锁位置处，造成右腿膝盖以下50mm处离断，左腿皮外伤。经多方抢救和手术，处置了离断的右腿，将左小腿皮肉缝合。

### 2. 事故原因分析

**（1）直接原因**

根据事故现场勘察、询问，查阅记录等原始材料，专家组分析认定该事故为电梯溜车事故，且制动器制动力严重不足是造成此次事故的直接原因。

**（2）间接原因**

1）电梯管理上的问题。管理制度不健全；电梯维修保养不到位，责任心不强，电梯长期带故障运行；维修人员技术素质差；管理失职，电梯处于失养失修状态。

2）安全回路继电器的问题：选型不对，未按国家标准规定选用继电接触器；一对电触点断线使一侧闸瓦不能打开，造成闸皮磨损，间隙加大。

 思考题

1. 无司机操作的电梯使用前的准备工作有哪些？
2. 电梯管理人员的基本要求有哪些？
3. 简述电梯检修操作时的注意事项。
4. 怎样理解"轿顶检修优先"？
5. 电梯在正常运行过程中，将消防开关置于消防位置，电梯此时将怎么运行？电梯在消防状态时，内选层指令不能选层，为什么？

# 附 录

## 附录 A　电梯维护保养规则（TSG T5002—2017）

第一条　为了规范电梯维护保养行为，根据《中华人民共和国特种设备安全法》《特种设备安全监察条例》，制定本规则。

第二条　本规则适用于《特种设备目录》范围内电梯的维护保养（以下简称维保）工作。

消防员电梯、防爆电梯的维保单位，应当按照制造单位的要求制定维保项目和内容。

第三条　本规则是对电梯维保工作的基本要求，相关单位应当根据科学技术的发展和实际情况，制定不低于本规则并且适用于所维保电梯的工作要求，以保证所维保电梯的安全性能。

第四条　电梯维保单位应当在依法取得相应的许可后，方可从事电梯的维保工作。

第五条　维保单位应当履行下列职责：

（一）按照本规则、有关安全技术规范以及电梯产品安装使用维护说明书的要求，制定维保计划与方案；

（二）按照本规则和维保方案实施电梯维保，维保期间落实现场安全防护措施，保证施工安全；

（三）制定应急措施和救援预案，每半年至少针对本单位维保的不同类别（类型）电梯进行一次应急演练；

（四）设立 24 小时维保值班电话，保证接到故障通知后及时予以排除；接到电梯困人故障报告后，维保人员及时抵达所维保电梯所在地实施现场救援，直辖市或者设区的市抵达时间不超过 30 分钟，其他地区一般不超过 1 小时；

（五）对电梯发生的故障等情况，及时进行详细的记录；

（六）建立每台电梯的维保记录，及时归入电梯安全技术档案，并且至少保存 4 年；

（七）协助电梯使用单位制定电梯安全管理制度和应急救援预案；

（八）对承担维保的作业人员进行安全教育与培训，按照特种设备作业人员考核要求，组织取得相应的《特种设备作业人员证》，培训和考核记录存档备查；

（九）每年度至少进行一次自行检查，自行检查在特种设备检验机构进行定期检验之前进行，自行检查项目及其内容根据使用状况确定，但是不少于本规则年度维保和电梯定期检验规定的项目及其内容，并且向使用单位出具有自行检查和审核人员的签字、加盖维保单位公章或者其他专用章的自行检查记录或者报告；

（十）安排维保人员配合特种设备检验机构进行电梯的定期检验；

（十一）在维保过程中，发现事故隐患及时告知电梯使用单位；发现严重事故隐患，及时向当地特种设备安全监督管理部门报告。

第六条　电梯的维保项目分为半月、季度、半年、年度等四类，各类维保的基本项目（内容）和要求分别见附件 A 至附件 D。维保单位应当依据各附件的要求，按照安装使用维护说明书的规定，并且根据所保养电梯使用的特点，制定合理的维保计划与方案，对电梯进行清洁、润滑、检查、调整，更换不符合要求的易损件，使电梯达到安全要求，保证电梯能够正常运行。

现场维保时，如果发现电梯存在的问题需要通过增加维保项目（内容）予以解决的，维保单位应当相应增加并且及时修订维保计划与方案。

当通过维保或者自行检查，发现电梯仅依据合同规定的维保内容已经不能保证安全运行，需要改造、修理（包括更换零部件）、更新电梯时，维保单位应当书面告知使用单位。

第七条　维保单位进行电梯维保，应当进行记录。记录至少包括以下内容：

（一）电梯的基本情况和技术参数，包括整机制造、安装、改造、重大修理单位名称，电梯品种（型式），产品编号，设备代码，电梯型号或者改造后的型号，电梯基本技术参数（内容见第八条）；

（二）使用单位、使用地点、使用单位内编号；

（三）维保单位、维保日期、维保人员（签字）；

（四）维保的项目（内容），进行的维保工作，达到的要求，发生调整、更换易损件等工作时的详细记载。维保记录应当经使用单位安全管理人员签字确认。

第八条　维保记录中的电梯基本技术参数主要包括以下内容：

（一）曳引与强制驱动电梯（包括曳引驱动乘客电梯、曳引驱动载货电梯、强制驱动载货电梯），为驱动方式、额定载重量、额定速度、层站门数；

（二）液压驱动电梯（包括液压乘客电梯、液压载货电梯），为额定载重量、额定速度、层站门数、油缸数量、顶升型式；

（三）杂物电梯，为驱动方式、额定载重量、额定速度、层站门数；

（四）自动扶梯与自动人行道（包括自动扶梯、自动人行道），为倾斜角、名义速度、提升高度、名义宽度、主机功率、使用区段长度（自动人行道）。

第九条　维保单位的质量检验（查）人员或者管理人员应当对电梯的维保质量进行不定期检查，并且进行记录。

第十条　采用信息化技术实现无纸化电梯维保记录的，其维保记录格式、内容和要求应当满足相关法律、法规和安全技术规范的要求。使用无纸化电梯维保记录系统的，其数据在保存过程中不得有任何程度和任何形式的更改，确保储存数据的公正、客观和安全，并可实时进行查询。

第十一条　本规则下列用语的含义是：

维护保养，是指对电梯进行的清洁、润滑、调整、更换易损件和检查等日常维护与保养性工作。其中清洁、润滑不包括部件的解体，调整和更换易损件不会改变任何电梯性能参数。

第十二条　本规则由国家质量监督检验检疫总局负责解释。

第十三条　本规则自 2017 年 8 月 1 日起施行。

## 附件 A  曳引与强制驱动电梯维护保养项目（内容）和要求

### 一、半月维护保养项目（内容）和要求

半月维护保养项目（内容）和要求见表 A-1。

表 A-1  半月维护保养项目（内容）和要求

| 序 号 | 维护保养项目（内容） | 维护保养基本要求 |
|---|---|---|
| 1 | 机房、滑轮间环境 | 清洁，门窗完好、照明正常 |
| 2 | 手动紧急操作装置 | 齐全，在指定位置 |
| 3 | 驱动主机 | 运行时无异常振动和异常声响 |
| 4 | 制动器各销轴部位 | 动作灵活 |
| 5 | 制动器间隙 | 打开时制动衬与制动轮不应发生摩擦，间隙值符合制造单位要求 |
| 6 | 制动器作为轿厢意外移动保护装置制停子系统时的自监测 | 制动力人工方式检测符合使用维护说明书要求；制动力自监测系统有记录 |
| 7 | 编码器 | 清洁，安装牢固 |
| 8 | 限速器各销轴部位 | 润滑，转动灵活；电气开关正常 |
| 9 | 层门和轿门旁路装置 | 工作正常 |
| 10 | 紧急电动运行 | 工作正常 |
| 11 | 轿顶 | 清洁，防护栏安全可靠 |
| 12 | 轿顶检修开关、停止装置 | 工作正常 |
| 13 | 导靴上油杯 | 吸油毛毡齐全，油量适宜，油杯无泄漏 |
| 14 | 对重/平衡重块及其压板 | 对重/平衡重块无松动，压板紧固 |
| 15 | 井道照明 | 齐全，正常 |
| 16 | 轿厢照明、风扇、应急照明 | 工作正常 |
| 17 | 轿厢检修开关、停止装置 | 工作正常 |
| 18 | 轿内报警装置、对讲系统 | 工作正常 |
| 19 | 轿内显示、指令按钮、IC 系统 | 齐全，有效 |
| 20 | 轿门防撞击保护装置（安全触板，光幕、光电等） | 功能有效 |
| 21 | 轿门门锁电气触点 | 清洁，触点接触良好，接线可靠 |
| 22 | 轿门运行 | 开启和关闭工作正常 |
| 23 | 轿厢平层精度 | 符合标准值 |
| 24 | 层站召唤、层楼显示 | 齐全，有效 |
| 25 | 层门地坎 | 清洁 |
| 26 | 层门自动关门装置 | 正常 |
| 27 | 层门门锁自动复位 | 用层门钥匙打开手动开锁装置释放后，层门门锁能自动复位 |
| 28 | 层门门锁电气触点 | 清洁，触点接触良好，接线可靠 |
| 29 | 层门锁紧元件啮合长度 | 不小于 7mm |
| 30 | 底坑环境 | 清洁，无渗水、积水，照明正常 |
| 31 | 底坑停止装置 | 工作正常 |

## 二、季度维护保养项目（内容）和要求

季度维护保养项目（内容）和要求除应符合半月维护保养的项目（内容）要求外，还应当符合表 A-2 中的项目（内容）的要求。

表 A-2　季度维护保养项目（内容）和要求

| 序　号 | 维护保养项目（内容） | 维护保养基本要求 |
|---|---|---|
| 1 | 减速机润滑油 | 油量适宜，除蜗杆伸出端外均无渗漏 |
| 2 | 制动衬 | 清洁，磨损量不超过制造单位要求 |
| 3 | 编码器 | 工作正常 |
| 4 | 选层器动静触点 | 清洁，无烧蚀 |
| 5 | 曳引轮槽、曳引钢丝绳 | 清洁，钢丝绳无严重油腻，张力均匀，符合制造单位要求 |
| 6 | 限速器轮槽、限速器钢丝绳 | 清洁，无严重油腻 |
| 7 | 靴衬、滚轮 | 清洁，磨损量不超过制造单位要求 |
| 8 | 验证轿门关闭的电气安全装置 | 工作正常 |
| 9 | 层门、轿门系统中传动钢丝绳、链条、传动带 | 按照制造单位要求进行清洁、调整 |
| 10 | 层门门导靴 | 磨损量不超过制造单位要求 |
| 11 | 消防开关 | 工作正常，功能有效 |
| 12 | 耗能缓冲器 | 电气安全装置功能有效，油量适宜，柱塞无锈蚀 |
| 13 | 限速器张紧轮装置和电气安全装置 | 工作正常 |

## 三、半年维护保养项目（内容）和要求

半年维护保养项目（内容）和要求除符合季度维护保养的项目（内容）要求外，还应当符合表 A-3 中的项目（内容）和要求。

表 A-3　半年维护保养项目（内容）和要求

| 序　号 | 维护保养项目（内容） | 维护保养基本要求 |
|---|---|---|
| 1 | 电动机与减速机联轴器螺栓 | 连接无松动，弹性元件外观良好，无老化等现象 |
| 2 | 曳引轮、导向轮轴承部 | 无异常声，无振动，润滑良好 |
| 3 | 曳引轮槽 | 磨损量不超过制造单位要求 |
| 4 | 制动器动作状态监测装置 | 工作正常，制动器动作可靠 |
| 5 | 控制柜内各接线端子 | 各接线紧固、整齐，线号齐全清晰 |
| 6 | 控制柜各仪表 | 显示正确 |
| 7 | 井道、对重、轿顶各反绳轮轴承部 | 无异常声，无振动，润滑良好 |
| 8 | 悬挂装置、补偿绳 | 磨损量、断丝数不超过制造单位要求 |
| 9 | 绳头组合 | 螺母无松动 |
| 10 | 限速器钢丝绳 | 磨损量、断丝数不超过制造单位要求 |
| 11 | 层门、轿门门扇 | 门扇各相关间隙符合标准 |
| 12 | 轿门开门限制装置 | 工作正常 |
| 12 | 对重缓冲距 | 符合标准值 |
| 13 | 补偿链（绳）与轿厢、对重接合处 | 固定、无松动 |
| 14 | 上、下极限开关 | 工作正常 |

四、年度维护保养项目（内容）和要求

年度维护保养项目（内容）和要求除符合半年维护保养项目（内容）和要求外，还应当符合表 A-4 中的项目（内容）和要求。

表 A-4　年度维护保养项目（内容）和要求

| 序　号 | 维护保养项目（内容） | 维护保养基本要求 |
|---|---|---|
| 1 | 减速机润滑油 | 按照制造单位要求适时更换，保证油质符合要求 |
| 2 | 控制柜接触器、继电器触点 | 接触良好 |
| 3 | 制动器铁心（柱塞） | 进行清洁、润滑、检查，磨损量不超过制造单位要求 |
| 4 | 制动器制动弹簧压缩量 | 符合制造单位要求，保持有足够的制动力，必要时进行轿厢装载 125% 额定载重量的制动试验 |
| 5 | 导电回路绝缘性能测试 | 符合标准 |
| 6 | 限速器安全钳联动试验（对于使用年限不超过 15 年的限速器，每 2 年进行一次限速器动作速度校验；对于使用年限超过 15 年的限速器，每年进行一次限速器动作速度校验） | 工作正常 |
| 7 | 上行超速保护装置动作试验 | 工作正常 |
| 8 | 轿顶、轿厢架、轿门及其附件安装螺栓 | 紧固 |
| 9 | 轿厢和对重/平衡重的导轨支架 | 固定，无松动 |
| 10 | 轿厢和对重/平衡重的导轨 | 清洁，压板牢固 |
| 11 | 随行电缆 | 无损伤 |
| 12 | 层门装置和地坎 | 无影响正常使用的变形，各安装螺栓紧固 |
| 13 | 轿厢称重装置 | 准确有效 |
| 14 | 安全钳钳座 | 固定，无松动 |
| 15 | 轿底各安装螺栓 | 紧固 |
| 16 | 缓冲器 | 固定，无松动 |

注：1. 如果某些电梯没有表中的项目（内容），如有的电梯不含有某种部件，项目（内容）可适当进行调整。
　　2. 维护保养项目（内容）和要求中对测试、试验有明确规定的，应当按照规定进行测试、试验，没有明确规定时，一般为检查、调整、清洁和润滑。
　　3. 维护保养基本要求中，规定为"符合标准值"的，是指符合对应的国家标准、行业标准和制造单位要求。
　　4. 维护保养基本要求中，规定为"制造单位要求"的，按照制造单位的要求，其他没有明确要求的，应当为安全技术规范、标准或者制造单位等的要求。

## 附件 B　液压电梯日常维护保养项目（内容）和要求

一、半月维保项目（内容）和要求

半月维保项目（内容）和要求见表 A-5。

表 A-5　半月维护保养项目（内容）和要求

| 序　号 | 维保项目（内容） | 维保基本要求 |
|---|---|---|
| 1 | 机房环境 | 清洁，室温符合要求，门窗完好，照明正常 |
| 2 | 机房内手动泵操作装置 | 齐全，在指定位置 |
| 3 | 油箱 | 油量、油温正常，无杂质、无漏油现象 |
| 4 | 电动机 | 运行时无异常振动和异常声 |
| 5 | 层门和轿门旁路装置 | 工作正常 |
| 6 | 阀、泵、消音器、油管、表、接口等部件 | 无漏油现象 |
| 7 | 编码器 | 清洁，安装牢固 |
| 8 | 轿顶 | 清洁，防护栏安全可靠 |
| 9 | 轿顶检修开关、停止装置 | 工作正常 |
| 10 | 导靴上油杯 | 吸油毛毡齐全，油量适宜，油杯无泄漏 |
| 11 | 井道照明 | 齐全，正常 |
| 12 | 限速器各销轴部位 | 润滑，转动灵活，电气开关正常 |
| 13 | 轿厢照明、风扇、应急照明 | 工作正常 |
| 14 | 轿厢检修开关、停止装置 | 工作正常 |
| 15 | 轿内报警装置、对讲系统 | 正常 |
| 16 | 轿内显示、指令按钮 | 齐全，有效 |
| 17 | 轿门防撞击保护装置（安全触板，光幕、光电等） | 功能有效 |
| 18 | 轿门门锁触点 | 清洁，触点接触良好，接线可靠 |
| 19 | 轿门运行 | 开启和关闭工作正常 |
| 20 | 轿厢平层精度 | 符合标准值 |
| 21 | 层站召唤、层楼显示 | 齐全，有效 |
| 22 | 层门地坎 | 清洁 |
| 23 | 层门自动关门装置 | 正常 |
| 24 | 层门门锁自动复位 | 用层门钥匙打开手动开锁装置释放后，层门门锁能自动复位 |
| 25 | 层门门锁电气触点 | 清洁，触点接触良好，接线可靠 |
| 26 | 层门锁紧元件啮合长度 | 不小于7mm |
| 27 | 底坑 | 清洁，无渗水、积水，照明正常 |
| 28 | 底坑停止装置 | 工作正常 |
| 29 | 液压柱塞 | 无漏油，运行顺畅，柱塞表面光滑 |
| 30 | 井道内液压油管、接口 | 无漏油 |

二、季度维保项目（内容）和要求

季度维保项目（内容）和要求除符合半月维保项目（内容）和要求外，还应当符合表 A-6 中的项目（内容）和要求。

表 A-6　季度维护保养项目（内容）和要求

| 序　号 | 维保项目（内容） | 维保基本要求 |
|---|---|---|
| 1 | 安全溢流阀（在油泵与单向阀之间） | 其工作压力不得高于满负荷压力的170% |
| 2 | 手动下降阀 | 通过下降阀动作，轿厢能下降；系统压力小于该阀最小操作压力时，手动操作应无效（间接式液压电梯） |
| 3 | 手动泵 | 通过手动泵动作，轿厢被提升；相连接的溢流阀工作压力不得高于满负荷压力的2.3倍 |
| 4 | 油温监控装置 | 功能可靠 |
| 5 | 限速器轮槽、限速器钢丝绳 | 清洁，无严重油腻 |
| 6 | 验证轿门关闭的电气安全装置 | 工作正常 |
| 7 | 轿厢侧靴衬、滚轮 | 磨损量不超过制造单位要求 |
| 8 | 柱塞侧靴衬 | 清洁，磨损量不超过制造单位要求 |
| 9 | 层门、轿门系统中传动钢丝绳、链条、胶带 | 按照制造单位要求进行清洁、调整 |
| 10 | 层门门导靴 | 磨损量不超过制造单位要求 |
| 11 | 消防开关 | 工作正常，功能有效 |
| 12 | 耗能缓冲器 | 电气安全装置功能有效，油量适宜，柱塞无锈蚀 |
| 13 | 限速器张紧轮装置和电气安全装置 | 工作正常 |

### 三、半年维保项目（内容）和要求

半年维保项目（内容）和要求除符合季度维保项目（内容）和要求外，还应当符合表 A-7 中的项目（内容）和要求。

表 A-7　半年维护保养项目（内容）和要求

| 序　号 | 维保项目（内容） | 维保基本要求 |
|---|---|---|
| 1 | 控制柜内各接线端子 | 各接线紧固，整齐，线号齐全清晰 |
| 2 | 控制柜 | 各仪表显示正确 |
| 3 | 导向轮 | 轴承部无异常声 |
| 4 | 悬挂钢丝绳 | 磨损量、断丝数未超过要求 |
| 5 | 悬挂钢丝绳绳头组合 | 螺母无松动 |
| 6 | 限速器钢丝绳 | 磨损量、断丝数不超过制造单位要求 |
| 7 | 柱塞限位装置 | 符合要求 |
| 8 | 上下极限开关 | 工作正常 |
| 9 | 柱塞、消音器放气操作 | 符合要求 |

### 四、年度维保项目（内容）和要求

年度维保项目（内容）和要求除符合半年维护保养项目（内容）和要求外，还应当符合表 A-8 中的项目（内容）和要求。

表 A-8　年度维护保养项目（内容）和要求

| 序　号 | 维护保养项目（内容） | 维护保养基本要求 |
|---|---|---|
| 1 | 控制柜接触器、继电器触点 | 接触良好 |
| 2 | 动力装置各安装螺栓 | 紧固 |
| 3 | 导电回路绝缘性能测试 | 符合标准值 |
| 4 | 限速器安全钳联动试验（每 2 年进行一次限速器动作速度校验） | 工作正常 |
| 5 | 随行电缆 | 无损伤 |
| 6 | 层门装置和地坎 | 无影响正常使用的变形，各安装螺栓紧固 |
| 7 | 轿顶、轿厢架、轿门及附件安装螺栓 | 紧固 |
| 8 | 轿厢称重装置 | 准确有效 |
| 9 | 安全钳钳座 | 固定、无松动 |
| 10 | 轿厢及油缸导轨支架 | 牢固 |
| 11 | 轿厢及油缸导轨 | 清洁，压板牢固 |
| 12 | 轿底各安装螺栓 | 紧固 |
| 13 | 缓冲器 | 固定，无松动 |
| 14 | 轿厢沉降试验 | 符合标准值 |

## 附件 C　杂物电梯维护保养项目（内容）和要求

### 一、半月维护保养项目（内容）和要求

半月维护保养项目（内容）和要求见表 A-9。

表 A-9　半月维护保养项目（内容）和要求

| 序　号 | 维护保养项目（内容） | 维护保养基本要求 |
|---|---|---|
| 1 | 机房、通道环境 | 清洁，门窗完好，照明正常 |
| 2 | 手动紧急操作装置 | 齐全，在指定位置 |
| 3 | 驱动主机 | 运行时无异常振动和异常声响 |
| 4 | 制动器各销轴部位 | 润滑，动作灵活 |
| 5 | 制动器间隙 | 打开时制动衬与制动轮不发生摩擦 |
| 6 | 限速器各销轴部位 | 润滑，转动灵活，电气开关正常 |
| 7 | 轿顶 | 清洁 |
| 8 | 轿顶停止装置 | 工作正常 |
| 9 | 导靴上油杯 | 吸油毛毡齐全，油量适宜，油杯无泄漏 |
| 10 | 对重/平衡重块及压板 | 对重/平衡重块无松动，压板紧固 |
| 11 | 井道照明 | 齐全，正常 |
| 12 | 轿门门锁触点 | 清洁，触点接触良好，接线可靠 |
| 13 | 层站召唤、层楼显示 | 齐全，有效 |
| 14 | 层门地坎 | 清洁 |
| 15 | 层门门锁自动复位 | 用层门钥匙打开手动开锁装置释放后，层门门锁能自动复位 |

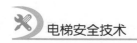

（续）

| 序 号 | 维护保养项目（内容） | 维护保养基本要求 |
|---|---|---|
| 16 | 层门门锁电气触点 | 清洁，触点接触良好，接线可靠 |
| 17 | 层门锁紧元件啮合长度 | 不小于5mm |
| 18 | 层门门导靴 | 无卡阻，滑动顺畅 |
| 19 | 底坑环境 | 清洁，无渗水、积水，照明正常 |
| 20 | 底坑停止装置 | 工作正常 |

## 二、季度维护保养项目（内容）和要求

季度维护保养项目（内容）和要求除符合半月维护保养项目（内容）和要求外，还应当符合表A-10中的项目（内容）和要求。

表A-10  季度维护保养项目（内容）和要求

| 序 号 | 维护保养项目（内容） | 维护保养基本要求 |
|---|---|---|
| 1 | 减速机润滑油 | 油量适宜，除蜗杆伸出端外均无渗漏 |
| 2 | 制动衬 | 清洁，磨损量不超制造单位要求 |
| 3 | 曳引轮槽、曳引钢丝绳 | 清洁，无严重油腻，张力均匀 |
| 4 | 限速器轮槽、限速器钢丝绳 | 清洁，无严重油腻 |
| 5 | 靴衬 | 清洁，磨损量不超过制造单位要求 |
| 6 | 层门、轿门系统中传动钢丝绳、链条、传动带 | 按照制造单位要求进行清洁、调整 |
| 7 | 层门门导靴 | 磨损量不超过制造单位要求 |
| 8 | 限速器张紧轮装置和电气安全装置 | 工作正常 |

## 三、半年维护保养项目（内容）和要求

半年维护保养项目（内容）和要求除符合季度维护保养项目（内容）和要求外，还应当符合表A-11中的项目（内容）和要求。

表A-11  半年维护保养项目（内容）和要求

| 序 号 | 维护保养项目（内容） | 维护保养基本要求 |
|---|---|---|
| 1 | 电动机与减速机联轴器螺栓 | 连接无松动，弹性元件外观良好，无老化等现象 |
| 2 | 驱动轮、导向轮轴承部 | 无异常声，无振动，润滑良好 |
| 3 | 制动器上检测开关 | 工作正常，制动器动作可靠 |
| 4 | 控制柜内各接线端子 | 各接线紧固、整齐，线号齐全清晰 |
| 5 | 控制柜各仪表 | 显示正确 |
| 6 | 悬挂装置 | 磨损量、断丝数不超过要求 |
| 7 | 绳头组合 | 螺母无松动 |
| 8 | 限速器钢丝绳 | 磨损量、断丝数不超过制造单位要求 |
| 9 | 对重缓冲距离 | 符合标准值 |
| 10 | 上、下极限开关 | 工作正常 |

四、年度维护保养项目（内容）和要求

年度维护保养项目（内容）和要求除符合半年维护保养项目（内容）和要求外，还应当符合表 A-12 中项目（内容）和要求。

表 A-12　年度维护保养项目（内容）和要求

| 序 号 | 维护保养项目（内容） | 维护保养基本要求 |
|---|---|---|
| 1 | 减速机润滑油 | 按照制造单位要求适时更换，油质符合要求 |
| 2 | 控制柜接触器、继电器触点 | 接触良好 |
| 3 | 制动器铁心（柱塞） | 分解进行清洁、润滑、检查，磨损量不超过制造单位要求 |
| 4 | 制动器制动弹簧压缩量 | 符合制造单位要求，保持有足够的制动力 |
| 5 | 导电回路绝缘性能测试 | 符合标准值 |
| 6 | 限速器安全钳联动试验（每 5 年进行一次限速器动作速度校验） | 工作正常 |
| 7 | 轿顶、轿厢架、轿门及附件安装螺栓 | 紧固 |
| 8 | 轿厢及对重/平衡重导轨支架 | 固定、无松动 |
| 9 | 轿厢及对重/平衡重导轨 | 清洁，压板牢固 |
| 10 | 随行电缆 | 无损伤 |
| 11 | 层门装置和地坎 | 无影响正常使用的变形，各安装螺栓紧固 |
| 12 | 安全钳钳座 | 固定，无松动 |
| 13 | 轿底各安装螺栓 | 紧固 |
| 14 | 缓冲器 | 固定，无松动 |

## 附件 D　自动扶梯和自动人行道维护保养项目（内容）和要求

### 一、半月维护保养项目（内容）和要求

半月维护保养项目（内容）和要求见表 A-13。

表 A-13　半月维护保养项目（内容）和要求

| 序 号 | 维护保养项目（内容） | 维护保养基本要求 |
|---|---|---|
| 1 | 电器部件 | 清洁，接线有效 |
| 2 | 电子板 | 信号功能正常 |
| 3 | 设备运行状况 | 正常，没有异常声响和抖动 |
| 4 | 主驱动链 | 运转正常，电气安全保护装置动作有效 |
| 5 | 制动器机械装置 | 清洁，动作正常 |
| 6 | 制动器状态监测开关 | 工作正常 |
| 7 | 减速机润滑油 | 油量适宜，无渗油 |

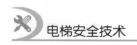 

（续）

| 序　号 | 维护保养项目（内容） | 维护保养基本要求 |
|---|---|---|
| 8 | 电机通风口 | 清洁 |
| 9 | 检修控制装置 | 工作正常 |
| 10 | 自动润滑油罐油位 | 油位正常，润滑系统工作正常 |
| 11 | 梳齿板开关 | 工作正常 |
| 12 | 梳齿板照明 | 照明正常 |
| 13 | 梳齿板梳齿与踏板面齿槽、导向胶带 | 梳齿板完好无损，梳齿板梳齿与踏板面齿槽、导向胶带啮合正常 |
| 14 | 梯级或者踏板下陷开关 | 工作正常 |
| 15 | 梯级或者踏板缺失监测装置 | 工作正常 |
| 16 | 超速或非操纵逆转监测装置 | 工作正常 |
| 17 | 检修盖板和楼层板 | 防倾覆或者翻转措施和监控装置有效、可靠 |
| 18 | 梯级链张紧开关 | 位置正确，动作正常 |
| 19 | 防护挡板 | 有效，无破损 |
| 20 | 梯级滚轮和梯级导轨 | 工作正常 |
| 21 | 梯级、踏板与围裙板之间的间隙 | 任何一侧的水平间隙及两侧间隙之和符合标准值 |
| 22 | 运行方向显示 | 工作正常 |
| 23 | 扶手带入口处保护开关 | 动作灵活可靠，清除入口处垃圾 |
| 24 | 扶手带 | 表面无飞边，无机械损伤，运行无摩擦 |
| 25 | 扶手带运行 | 速度正常 |
| 26 | 扶手护壁板 | 牢固可靠 |
| 27 | 上下出入口处的照明 | 工作正常 |
| 28 | 上下出入口和扶梯之间保护栏杆 | 牢固可靠 |
| 29 | 出入口安全警示标志 | 齐全，醒目 |
| 30 | 分离机房、各驱动和转向站 | 清洁，无杂物 |
| 31 | 自动运行功能 | 工作正常 |
| 32 | 紧急停止开关 | 工作正常 |
| 33 | 驱动主机的固定 | 牢固可靠 |

## 二、季度维护保养项目（内容）和要求

季度维护保养项目（内容）和要求除符合半月维护保养项目（内容）和要求外，还应当符合表 A-14 中的项目（内容）和要求。

表 A-14　季度维护保养项目（内容）和要求

| 序　号 | 维护保养项目（内容） | 维护保养基本要求 |
|---|---|---|
| 1 | 扶手带的运行速度 | 相对于梯级、踏板或者胶带的速度允差为 0 ~ +2% |
| 2 | 梯级链张紧装置 | 工作正常 |
| 3 | 梯级轴衬 | 润滑有效 |
| 4 | 梯级链润滑 | 运行工况正常 |
| 5 | 防灌水保护装置 | 动作可靠（雨季到来之前必须完成） |

### 三、半年维护保养项目（内容）和要求

半年维护保养项目（内容）和要求除符合季度维护保养项目（内容）和要求外，还应当符合表 A-15 中的项目（内容）和要求。

表 A-15　半年维护保养项目（内容）和要求

| 序　号 | 维护保养项目（内容） | 维护保养基本要求 |
| --- | --- | --- |
| 1 | 制动衬厚度 | 不小于制造单位要求 |
| 2 | 主驱动链 | 清理表面油污，润滑 |
| 3 | 主驱动链链条滑块 | 清洁，厚度符合制造单位要求 |
| 4 | 电动机与减速机联轴器 | 连接无松动，弹性元件外观良好，无老化等现象 |
| 5 | 空载向下运行制动距离 | 符合标准值 |
| 6 | 制动器机械装置 | 润滑，工作有效 |
| 7 | 附加制动器 | 清洁和润滑，功能可靠 |
| 8 | 减速机润滑油 | 按照制造单位的要求进行检查、更换 |
| 9 | 调整梳齿板梳齿与踏板面齿槽啮合深度和间隙 | 符合标准值 |
| 10 | 扶手带张紧度张紧弹簧负荷长度 | 符合制造单位要求 |
| 11 | 扶手带速度监控系统 | 工作正常 |
| 12 | 梯级踏板加热装置 | 功能正常，温度感应器接线牢固（冬季到来之前必须完成） |

### 四、年度维护保养项目（内容）和要求

年度维护保养项目（内容）和要求除符合半年维护保养项目（内容）和要求外，还应当符合表 A-16 中的项目（内容）和要求。

表 A-16　年度维护保养项目（内容）和要求

| 序　号 | 维护保养项目（内容） | 维护保养基本要求 |
| --- | --- | --- |
| 1 | 主接触器 | 工作可靠 |
| 2 | 主机速度检测功能 | 功能可靠，清洁感应面，感应间隙符合制造单位要求 |
| 3 | 电缆 | 无破损，固定牢固 |
| 4 | 扶手带托轮、滑轮群、防静电轮 | 清洁，无损伤，托轮转动平滑 |
| 5 | 扶手带内侧凸缘处 | 无损伤，清洁扶手导轨滑动面 |
| 6 | 扶手带断带保护开关 | 功能正常 |
| 7 | 扶手带导向块和导向轮 | 清洁，工作正常 |
| 8 | 进入梳齿板处的梯级与导轮的轴向窜动量 | 符合制造单位要求 |
| 9 | 内外盖板连接 | 紧密牢固，连接处的凸台、缝隙符合制造单位要求 |
| 10 | 围裙板安全开关 | 测试有效 |
| 11 | 围裙板对接处 | 紧密平滑 |
| 12 | 电气安全装置 | 动作可靠 |
| 13 | 设备运行状况 | 正常，梯级运行平稳，无异常抖动，无异常声响 |

## 附录 B  特种设备作业人员考核规则（TSG Z6001—2013）

### 第一章  总  则

**第一条**  为了规范特种设备作业人员考核工作，根据《特种设备作业人员监督管理办法》（以下简称《办法》），制定本规则。

**第二条**  本规则适用于《办法》所规定的特种设备作业人员（以下简称作业人员）的考核工作。

作业人员的具体作业种类与项目按照《特种设备作业人员种类与项目》（以下简称《项目》）规定。

**第三条**  申请《特种设备作业人员证》（以下简称《作业人员证》）的人员应当先经考试合格，凭考试合格证明向负责发证的质量技术监督部门申请办理《作业人员证》后，方可从事相应的工作。

《作业人员证》有效期为 4 年。有效期满需要继续从事其作业工作的，应当按照本规则规定及时办理证件延续（本规则简称复审）。

**第四条**  作业人员考核工作由县级以上（含县级）质量技术监督部门组织实施。

国家质量监督检验检疫总局（以下简称国家质检总局）及省级质量技术监督部门根据考核范围和工作需要，按照统筹规划、合理布局的原则，指定考试机构及其考试基地。

《项目》中 A1、A2、A6、A7、G6、R3、D2、D3、S1、S2、S3、S4、Y1、F1、F2 管理和操作等作业人员的考试机构及其负责范围（含地区范围，下同）、考试基地及考点，由国家质检总局指定并且公布；其他项目的作业人员考试机构及其负责范围、考试基地及考点，由省级质量技术监督部门指定并且公布。

由国家质检总局指定的考试机构考试合格的，其《作业人员证》的发证部门为考试所在地的省级质量技术监督部门，或者其授权的质量技术监督部门；由省级质量技术监督部门指定的考试机构考试合格的，其《作业人员证》发证部门由省级质量技术监督部门确定。

**第五条**  特种设备管理人员只进行理论知识考试，其他作业人员的考试包括理论知识考试和实际操作技能考试两个科目，均实行百分制，60 分合格。具体的考试方式、内容、要求以及对作业人员的具体条件要求，按照国家质检总局制定的相关作业人员考核大纲或者细则（以下统称考核大纲）执行。

**第六条**  考核大纲应当包括以下基本内容：

（一）适用范围；

（二）名词术语（需要时）；

（三）作业人员所需的培训和实习时间；

（四）作业人员的基本条件和特殊要求；

（五）理论考试的范围和基本内容，以及理论考试中的基础知识、专业知识、安全知识、法规知识等所占的比重；

（六）实际操作技能考试的具体考试内容，包括项目（科目）、方法和合格指标；

（七）考试机构人员、场地、设备设施条件及满足实际操作技能考试的能力要求。

第七条　作业人员的用人单位（以下简称用人单位）应当对作业人员进行安全教育和培训，保证作业人员具备必要的特种设备安全作业知识、作业技能，及时进行知识更新。作业人员未能参加用人单位培训的，可以选择专业培训机构进行培训。

第八条　《作业人员证》有效期内，全国范围有效。持有《作业人员证》的人员（以下简称持证人员）经用人单位雇（聘）用后，其《作业人员证》应当经用人单位法定代表人（负责人、雇主）或者其授权人签章后，方可在许可的项目范围内在该用人单位作业。

## 第二章　考试机构

第九条　考试机构应当满足下列条件：

（一）具有独立法人资质，有常设的组织管理部门和固定的办公场所，专职人员不少于3人；

（二）具备满足考试需要的基地，根据实际需要在一定地区范围内设立的分考点，也必须与基地相应项目条件一致；

（三）建立考试质量保证体系和考场纪律、监考考评人员守则、保密、考试管理、档案管理、财务管理、安全管理、应急预案等规章制度，并且能有效实施；

（四）根据相应考核大纲，制订考试作业指导书，明确理论考试的范围和实际操作技能考试的具体项目（科目）以及合格指标；

（五）按照理论知识考试"机考化"的原则配置资源和考试软件，并且满足相应考核大纲所要求的场所、设备设施条件和能力；考核大纲要求实际操作技能考试采取实物化（模拟化）的，应当具备考试实物化（模拟化）的条件；

（六）具有满足考试需要的专、兼职的监考、考评人员，配备考试机构技术负责人和各个分项的责任人，技术负责人和责任人应当由具备相关专业知识的工程师（或者高级技师）及以上职称的人员担任，考评人员应当由具有大专以上（含大专）学历、从事本专业5年以上（含5年）、具有丰富的实践操作经验并且熟悉考核程序、实际操作技能考核内容及评分细则的人员担任。

第十条　考试机构应当在本机构的考试基地及考点，对符合条件的报名人员进行理论知识考试和实际操作技能考试。实际操作技能考试，原则上不得在考试基地及考点以外进行；特殊情况或者特殊项目需要利用当地其他单位的条件和设施进行实际操作技能考试时，应当事先经过发证部门批准。

第十一条　考试机构的主要职责如下：

（一）公布考试程序、考试作业人员种类、报考具体条件、收费依据和标准、考试机构名称及地点、考试计划等事项，并且告知审批发证程序；

（二）公布理论知识考试和实际操作技能考试的具体范围、项目和合格标准；

（三）审查作业人员考试申请材料；

（四）按照考核大纲的要求进行理论知识考试和实际操作技能考试；

（五）公布、通知和上报考试结果；

（六）建立作业人员考试管理档案；

（七）根据申请《作业人员证》的人员（以下简称申请人）的委托，向发证部门统一提交申请，协助办理《作业人员证》发放事宜；

（八）根据申请人的委托，向发证部门统一申请办理《作业人员证》的复审；

（九）向本考试机构的指定部门和发证部门提交年度工作总结及与考试相关的统计报表；

（十）完成本考试机构的指定部门和发证部门委托或者交办的其他事项。

第十二条　考试机构不得强制要求申请人参加本考试机构组织的培训。禁止培训、辅导人员参与培训、辅导对象的命题和监考工作。

## 第三章　考试和审批发证

第十三条　作业人员考核程序，包括考试报名、申请资料审查、考试、考试成绩评定与通知；审批发证程序，包括领证申请、受理、审核和发证。

《作业人员证》的复审程序和要求按照本规则第四章要求进行。

第十四条　申请人应当符合下列条件：

（一）年龄在 18 周岁以上（含 18 周岁）、60 周岁以下（含 60 周岁），具有完全民事行为能力；

（二）身体健康并满足申请从事的作业项目对身体的特殊要求；

（三）有与申请作业项目相适应的文化程度；

（四）具有相应的安全技术知识与技能；

（五）符合安全技术规范规定的其他要求。

第十五条　申请人应当在工作单位或者居住所在地就近报名参加考试。申请人报名参加作业人员考试时，应当向考试机构提交以下申请资料：

（一）《特种设备作业人员考试申请表》（见附件 A，2 份）；

（二）身份证明（复印件，2 份）；

（三）照片（近期 2 寸、正面、免冠、白底彩色，3 张）；

（四）学历证明（毕业证复印件，2 份）；

（五）健康证明（考核大纲对身体状况有特殊要求时，由医院出具本年度的体检报告，1 份）；

（六）安全教育和培训的证明（符合考核大纲规定的课时，由用人单位或者有关专业培训机构提供，1 份）；

（七）实习证明（符合考核大纲要求，与申请项目一致，由用人单位或者有关专业培训机构提供，1 份）。

申请人也可通过发证部门或者指定的考试机构的网上报名系统填报申请，并且附前款要求提交的资料的扫描文件（PDF 格式或者 JPG 格式）。

第十六条　考试机构应当在收到报名申请资料后 15 个工作日内，完成对申请资料的审查。

对符合要求的，通知申请人按时参加考试；对不符合要求的，通知申请人及时补正申请资料或者说明不符合要求的理由。

第十七条　考试机构应当根据相应考核大纲的要求组织命题。

第十八条　考试机构应当在举行考试之日2个月前将考试报名时间、考试项目、科目、考试地点、考试时间等具体考试计划等事项向社会公布。需要更改考试项目、科目、考试地点、考试时间的，应当提前30日公布，并且及时通知申请人。

考试工作要严格执行保密、监考等各项规章制度，保证其公开、公正、公平、规范，确保考试工作的质量。

第十九条　考试机构应当在考试结束后的20个工作日内，完成考试成绩的评定，并且告知申请人。

考试成绩有效期为1年。单项考试科目不合格者，1年内允许申请补考1次。两项均不合格或者补考仍不合格者，应当重新申请考试。

第二十条　考试机构应当将《特种设备作业人员考试申请表》、考试试卷、操作技能考试记录、成绩汇总表、考场记录等存档，保存期至少5年。

第二十一条　考试合格的人员，由考试机构按照合格人员委托，在考试结束后的10个工作日内，向发证部门申请办理《作业人员证》。也可以由本人凭考试合格证明和本规则第十五条（一）、（二）、（三）、（四）所列资料（1份）向发证部门申请办理《作业人员证》。

第二十二条　发证部门只能受理本辖区内经指定的考试机构考试合格的人员的申请，不得受理未经指定的考试机构考试或者考试不合格人员的申请。

第二十三条　发证部门接到申请后，应当在5个工作日内对申请材料进行审查，并且做出是否受理的决定；不予受理的，应当告知申请人在20日内补正申请资料。能够当场审查的，应当当场办理。

对同意受理的申请，发证部门应当在20个工作日内完成审核批准手续。准予发证的，在10个工作日内向申请人颁发《检验人员证》；不予发证的，应当书面说明理由。

# 第四章　复　审

第二十四条　持证人员应当在持证项目的有效期届满3个月前，自行或委托考试机构向发证部门提出复审申请。

申请复审时，持证人员应当提交以下材料：

（一）《特种设备作业人员复审申请表》（见附件B，1份）；

（二）《作业人员证》（原件）；

（三）持证期间用人单位或者专业培训等机构出具的安全教育和培训证明（内容和学时要求符合安全技术规范，1份）；

（四）医院出具的本年度的体检报告（考核大纲对身体状况有特殊要求时，1份）；

（五）持证期间用人单位出具的中断所从事持证项目的作业时间未超过1年的证明（有关安全技术规范另有规定的，从其规定）；

（六）持证期间用人单位出具的没有违章作业等不良记录证明（1份）；

有关安全技术规范规定复审必须参加考试的，还应当提交相应的考试合格证明。

第二十五条　满足下列所有要求的，准予复审合格：

（一）复审申请提交的资料齐全、真实的；

（二）年龄 60 周岁以下（含 60 周岁）；

（三）在持证期间内中断所从事持证项目的作业时间未超过 1 年的（有关安全技术规范中另有规定的，从其规定）；

（四）无违章作业等不良记录、未造成事故的；

（五）符合有关安全技术规范规定条件的；

（六）按照有关安全技术规范要求参加考试，考试成绩合格的。

第二十六条　跨发证部门地区从业的作业人员，可向原发证部门申请复审，也可向其用人单位所在地的发证部门申请复审。发证部门在办理复审时，应当登录"全国特种设备公示信息查询系统"进行查询，确定原证件的有效性；在此信息查询系统未查询到的，要求回原发证机关处理。

第二十七条　发证部门应当在 5 个工作日内对复审资料进行审核，或者告知申请人补正申请资料，并且做出是否受理的决定。能够当场受理的，应当场办理。

对同意受理的复审申请，发证部门应当在 20 个工作日内完成办理复审。合格的在《作业人员证》上签章；不合格的，应当书面说明理由。

发证部门应当将《特种设备作业人员复审申请表》及相关复审资料存档，保存期至少 5 年。

第二十八条　复审不合格的持证人员可以重新申请取证。逾期未申请复审或者复审不合格的，其《作业人员证》中的该项目失效，不得继续从事该项目作业。

## 第五章　附　　则

第二十九条　发证部门应当在发证或者复审合格后 20 个工作日内，将作业人员相关信息录入"全国特种设备公示信息查询系统"。

第三十条　《作业人员证》遗失或者损毁的，持证人员应当及时应向发证部门挂失，并且在市级以上（含市级）质量技术监督部门的官房网公共信息栏目中发布遗失声明，或者登报声明原《作业人员证》作废。如果一个月内无其他用人单位提出异议，持证人员可以委托原考试机构向发证部门申请补发。查证属实的，由发证部门补办《作业人员证》。原持证项目有效期不变，补发的《作业人员证》上注明"此证补发"字样。

第三十一条　用人单位应当根据本规则的规定，结合本单位的实际情况，制定作业人员管理办法，建立作业人员档案，为作业人员申请领证和复审提供客观真实的证明资料。

第三十二条　《作业人员证》分为作业人员通用证和安全管理人员专用证两种格式，其具体样式见附件 C，证书印制由国家质检总局统一规定。

第三十三条　本规则由国家质检总局负责解释。

第三十四条　本规则自 2013 年 6 月 1 日起施行。《特种设备作业人员考核规则》（TSG Z6001—2005）同时废止。

附件A

# 特种设备作业人员考核申请表

| 姓　名 | | 性　别 | | (照片) |
| 通信地址 | | | | |
| 学　历 | | 邮政编码 | | |
| 身份证号 | | 联系电话 | | |
| 申请考核作业种类 | | 申请考核作业项目(代号) | | |

是否委托考试机构申请办理领证手续：□是　□否

| 工作简历 | |
|---|---|
| 安全教育培训和实习情况 | |
| 相关资料 | □身份证明(复印件，2份)<br>□照片(近期2寸、正面、免冠、白底彩色照片，3张)<br>□学历证明(毕业证复印件，2份)<br>□安全教育和培训证明(1份)<br>□实习证明(1份)<br>□体检报告(1份)<br>□其他<br><br>声明：本人对所填写的内容和所提交资料的真实性负责。<br><br>申请人(签字)：　　　　　　年　月　日 |

注："安全教育和培训证明、实习证明"由用人单位、专业培训机构或者实习单位提供。

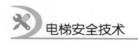 

附件B

# 特种设备作业人员复审申请表

| 姓　名 | | 性　别 | | (照片) |
| --- | --- | --- | --- | --- |
| 通信地址 | | | | |
| 学　历 | | 邮政编码 | | |
| 身份证号 | | 联系电话 | | |
| 申请复审作业种类 | | 申请复审作业项目(代号) | | |
| 证件编号 | | 首次领证日期 | | |
| 是否委托考试机构申请办理复审手续：　□是　□否 | | | | |
| 用人单位 | | | | |
| 单位地址 | | | | |
| 单位联系人 | | 联系电话 | | |
| 工作简历 | | | | |
| 安全教育和培训情况 | | | | |
| 复审资料 | □《特种设备作业人员证》(原件)<br>□持证期间安全教育和培训证明<br>□持证期间从事该持证项目的证明<br>□体检证明<br>□没有违章作业等不良记录的证明<br>□其他<br><br>声明：本人对所填写的内容和所提交资料的真实性负责。<br><br>申请人(签字)：　　　　　　年　月　日 | | | |

注："安全教育和培训证明"由用人单位或者专业培训机构出具，"没有违章作业等不良记录证明"由领证时(指首次复审)或者上次复审以来的用人单位出具。

附件C

# 特种设备作业人员证(样式)

## (特种设备作业人员通用)

<table>
<tr>
<td>

中华人民共和国<br>特　种　设　备<br><br><br>作<br>业<br>人<br>员<br>证

</td>
<td>

### 说　明

　　1. 本证件应当加盖发证的质量技术监督局钢印和指定考试机构公章后有效。<br>　　2. 证件编号为持证人身份证号，档案编号为考试机构保存的个人考试档案编号。<br>　　3. 各级质量技术监督部门发现无效证件有权予以扣留。除质量技术监督部门外，其他部门和单位无权扣留此证。

</td>
</tr>
<tr>
<td align="center">封面</td>
<td align="center">封二</td>
</tr>
</table>

<table>
<tr>
<td>

(近期2寸正面免冠白底彩色照片)<br><br>照片骑缝未压印质量技术监督部门钢印无效<br><br><br>姓　　名：＿＿＿＿＿＿<br><br>证件编号：＿＿＿＿＿＿<br><br>档案编号：＿＿＿＿＿＿<br><br>发证机关：＿＿＿＿＿＿

</td>
<td>

<table>
<tr><td>考试机构公章<br><br>　年　月　日</td><td>考试机构公章<br><br>　年　月　日</td></tr>
<tr><td>考试机构公章<br><br>　年　月　日</td><td>考试机构公章<br><br>　年　月　日</td></tr>
</table>

</td>
</tr>
<tr>
<td align="center">第1页</td>
<td align="center">第2页</td>
</tr>
</table>

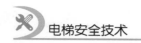

# 电梯安全技术

## 考试合格项目

| 作业项目代号 | 批准日期 | 经办人章 |
|---|---|---|
| | 有效日期 | |
| | | |
| | | |
| | | |
| | | |
| | | |
| | | |
| | | |
| | | |
| | | |
| | | |
| | | |
| | | |
| | | |
| | | |

第3页～第5页

## 复审记录

| 复审合格项目代号：<br><br>有效期至：<br>经办人章<br><br>复审机关盖章 | 复审合格项目代号：<br><br>有效期至：<br>经办人章<br><br>复审机关盖章 |
|---|---|
| 复审合格项目代号：<br><br>有效期至：<br>经办人章<br><br>复审机关盖章 | 复审合格项目代号：<br><br>有效期至：<br>经办人章<br><br>复审机关盖章 |

第6页～第8页

## 聘用记录

| 用人单位 | 聘用项目代号 | 聘用起止日期 | 法定代表人 |
|---|---|---|---|
| | | | |
| | | | |
| | | | |
| | | | |
| | | | |
| | | | |
| | | | |
| | | | |

第9页～第10页

## 特种设备作业人员作业种类与项目

| 序号 | 作业项目 | 项目代号 |
|---|---|---|
| 1 | 特种设备安全管理负责人 | A1 |
| 2 | 特种设备质量管理负责人 | A2 |
| 3 | 锅炉压力容器压力管道安全管理 | A3 |
| 4 | 电梯安全管理 | A4 |
| 5 | 起重机械安全管理 | A5 |
| 6 | 客运索道安全管理 | A6 |
| 7 | 大型游乐设施安全管理 | A7 |
| 8 | 场(厂)内专用机动车辆安全管理 | A8 |
| 9 | 一级锅炉司炉 | G1 |
| 10 | 二级锅炉司炉 | G2 |
| 11 | 三级锅炉司炉 | G3 |
| 12 | 一级锅炉水处理 | G4 |
| 13 | 二级锅炉水处理 | G5 |
| 14 | 锅炉能效作业 | G6 |
| 15 | 固定式压力容器操作 | R1 |
| 16 | 移动式压力容器充装 | R2 |
| 17 | 氧舱维护保养 | R3 |
| 18 | 永久气体气瓶充装 | P1 |
| 19 | 液化气体气瓶充装 | P2 |
| 20 | 溶解乙炔气瓶充装 | P3 |
| 21 | 液化石油气瓶充装 | P4 |
| 22 | 车用气瓶充装 | P5 |
| 23 | 压力管道巡检维护 | D1 |
| 24 | 带压封堵 | D2 |
| 25 | 带压密封 | D3 |
| 26 | 电梯机械安装维修 | T1 |
| 27 | 电梯电气安装维修 | T2 |
| 28 | 电梯司机 | T3 |

第11页

## 特种设备作业人员作业种类与项目

| 序号 | 作业项目 | 项目代号 |
|---|---|---|
| 29 | 起重机械安装维修 | Q1 |
| 30 | 起重机械电气安装维修 | Q2 |
| 31 | 起重机械指挥 | Q3 |
| 32 | 桥门式起重机司机 | Q4 |
| 33 | 塔式起重机司机 | Q5 |
| 34 | 门座式起重机司机 | Q6 |
| 35 | 缆索式起重机司机 | Q7 |
| 36 | 流动式起重机司机 | Q8 |
| 37 | 升降机司机 | Q9 |
| 38 | 机械式停车设备司机 | Q10 |
| 39 | 客运索道安装 | S1 |
| 40 | 客运索道维修 | S2 |
| 41 | 客运索道司机 | S3 |
| 42 | 客运索道编索 | S4 |
| 43 | 大型游乐设施安装 | Y1 |
| 44 | 大型游乐设施维修 | Y2 |
| 45 | 大型游乐设施操作 | Y3 |
| 46 | 水上游乐设施操作与维修 | Y4 |
| 47 | 车辆维修 | N1 |
| 48 | 叉车司机 | N2 |
| 49 | 搬运车牵引车推顶车司机 | N3 |
| 50 | 内燃观光车司机 | N4 |
| 51 | 蓄电池观光车司机 | N5 |
| 52 | 安全阀校验 | F1 |
| 53 | 安全阀维修 | F2 |
| 54 | 焊接操作 | 按TSG Z6002 |

第12页

## 注意事项

作业项目有效期为四年，有效期满前三个月，持证人应申请办理复审。需要考试后复审的，凭考试合格成绩向考试场所所在地发证机关申请复审。复审不需要考试的，向原发证机关或作业所在地发证机关申请复审。逾期未复审或复审不合格，此证失效。

封三

## （特种设备安全管理人员专用）

中华人民共和国
特 种 设 备

安
全
管
理
人
员
证

（封面）

注：特种设备作业人员证件，其封面分为作业人员证和安全管理人员证，其封二、封三和第1页～第12页均相同。封面为作业人员证的，是作为特种设备作业人员的通用证件，其颜色为绿色；封面为安全管理人员证的，是作为特种设备安全管理人员专用的证件，其颜色为褐色。

## 附录 C　电梯安全管理人员考核题库及答案

一、选择题

（C）1. 按电梯的用途分，供居民住宅楼使用的、主要运送乘客也可运送家用物件或生活用品、多为有司机操作的电梯叫_____。

    A. 乘客电梯　　B. 客货（两用）电梯　　C. 住宅电梯　　　D. 载货电梯

（B）2. 电梯曳引机通常由电动机、_____、减速箱、机架和导向轮等组成。

    A. 曳引绳　　　B. 制动器　　　　　C. 轿厢　　　　　D. 对重

（A）3. 目前电梯中最常用的驱动方式是_____。

    A. 曳引驱动　　B. 卷筒驱动　　　　C. 液压驱动　　　D. 齿轮齿条驱动

（C）4. 超载保护装置在轿厢载重量_____时起保护作用。

    A. 等于额定载荷　　　　　　　　　　B. 超过额定载荷

    C. 超过额定载荷 10%　　　　　　　　D. 达到额定载荷 90%

（C）5. 超载保护装置起作用时，电梯门_____，电梯也不能起动，同时发出声响和灯光信号。

    A. 关闭　　　　B. 打开　　　　　　C. 不能关闭　　　D. 不能打开

（A）6. 轿厢内应设停电应急照明，在正常照明电源中断的情况下能_____。

    A. 自动投入　　B. 人工投入　　　　C. 长时燃亮　　　D. 替代正常照明

（C）7. 为防止发生坠落和剪切事故，层门由_____锁住，使人在层站外不用开锁装置无法将层门打开。

    A. 安全触板　　B. 电气安全触点　　C. 门锁　　　　　D. 门刀

（C）8. 为了必要（如救援）时能从层站外打开层门，紧急开锁装置应_____。

    A. 在基站层门上设置　　　　　　　　B. 在两个端站层门上设置

    C. 设置在每个层站的层门上

（C）9. 封闭井道内应设置固定照明，井道最高与最低位置 0.5m 以内各装设一盏灯，井道中间每隔_____设一盏灯。

    A. 5m　　　　　B. 6m　　　　　　C. 7m　　　　　D. 8m

（D）10. 电梯机房温度应保持在_____。

    A. 0～35℃　　B. 0～40℃　　　C. 5～35℃　　　D. 5～40℃

（C）11. 各类电梯的平衡系数应在_____范围内。

    A. 0.4～0.45　B. 0.45～0.5　　C. 0.4～0.5　　D. 0.5～0.6

（C）12. 电梯机房的噪声平均值应不大于_____dB。

    A. 55　　　　　B. 65　　　　　　C. 80　　　　　D. 85

（D）13. 通常所说的 VVVF 电梯是指_____。

    A. 交流双速电梯　　　　　　　　　　B. 直流电梯

    C. 交流调压调速电梯　　　　　　　　D. 交流调频调压电梯

（B）14. 当乘客在电梯门的关闭过程中被门撞击或可能被撞击时，保护装置将停止关门动作并使门_____。

A. 保持静止状态 　　　　　　　　　　　B. 重新自动开启
C. 人为控制打开 　　　　　　　　　　　D. 延时关闭

（B）15. 当轿厢不在层站时，层门无论什么原因开启时，必须有强迫关门装置使该层门_____。

A. 人为关闭　　　B. 自动关闭　　　C. 发出警示灯光　　D. 发出警示声响

（A）16. 当电梯额定速度大于 0.63m/s 时，应采用_____。

A. 渐进式安全钳 　　　　　　　　　　　B. 瞬时式安全钳
C. 带缓冲作用的瞬时式安全钳 　　　　　D. 任何类型的安全钳均可用

（C）17. 蓄能型缓冲器只能用于额定速度不超过_____的电梯。

A. 0.5m/s　　　B. 0.63m/s　　　C. 1.0m/s　　　D. 1.5m/s

（B）18. 检修运行时，轿厢的运行速度不得超过_____。

A. 0.5m/s　　　B. 0.63m/s　　　C. 1.0m/s　　　D. 1.5m/s

（B）19. 若机房、轿顶、轿厢内均有检修运行装置，必须保证_____的检修控制优先。

A. 机房　　　　B. 轿顶　　　　C. 轿厢内　　　　D. 最先操作

（B）20. 杂物电梯的轿厢_____进人。

A. 允许 　　　　　　　　　　　　　　　B. 不允许
C. 在有人监护下允许 　　　　　　　　　D. 在有足够空间时允许

（A）21. 自动扶梯和自动人行道属于_____。

A. 连续运输机械 　　　　　　　　　　　B. 间歇运输机械
C. 曳引驱动的运输机械 　　　　　　　　D. 以运输货物为主的运输机械

（B）22. 自动扶梯设置扶手带入口保护装置，可使_____免受伤害。

A. 扶手带　　　B. 人的手指和手　　　C. 围裙板　　　D. 梳齿板

（C）23. 限速器应在轿厢速度大于等于_____时动作。

A. 额定速度 　　　　　　　　　　　　　B.110% 的额定速度
C.115% 的额定速度 　　　　　　　　　　D.120% 的额定速度

（A）24. 轿厢与对重之间的间隔距离应不小于_____。

A. 50mm　　　B. 75mm　　　　C. 80mm　　　　D. 100mm

（C）25. 限速器的运转反映的是_____的真实速度。

A. 曳引机　　　B. 曳引轮　　　　C. 轿厢　　　　D. 曳引绳

（B）26. 在电梯出现超速状态时，_____首先动作而带动其他装置使电梯立即制停。

A. 安全钳　　　B. 限速器　　　　C. 缓冲器　　　　D. 选层器

（A）27. 电梯供电系统应采用_____系统。

A. 三相五线制　　B. 三相四线制　　　C. 三相三线制　　　D. 中性点接地的 TN

（C）28. 层门关闭后，在中分门层门下部用人力拉开门扇时，其缝隙不得大于_____mm。

A. 6　　　　B. 8　　　　　　C. 30　　　　　D. 50

（A）29. 安全触板平时凸出门扇边缘约 30mm，其被推入所需的力应不大于_____N。

A. 5　　　　B. 10　　　　　C. 15　　　　　D. 20

（B）30. 电梯运行失控时，_____装置可以使电梯强行制停，不使其坠落。
  A. 缓冲器　　　　　　　　　　　B. 限速器及安全钳
  C. 超载保护　　　　　　　　　　D. 补偿

（A）31. 电梯不平层是指：_____。
  A. 电梯停靠在某层站时，厅门地坎与轿门地坎的高度差过大
  B. 电梯运行速度不平稳
  C. 某层层门地坎水平度超标
  D. 轿厢地坎水平度超标

（C）32. _____开关动作应切断电梯快速运行电路。
  A. 极限　　　B. 急停　　　　　C. 强迫换速　　　D. 限位

（A）33. 直顶式液压电梯可以不装设安全钳，但必须在液压缸的油口装设_____。
  A. 限速切断阀　B. 电动单向阀　　C. 手动单向阀　　D. 截止阀

（D）34. 电梯的补偿链中穿有麻绳，其主要作用是_____。
  A. 增加强度　　B. 便于安装　　　C. 便于加油　　　D. 防止噪声

（C）35. 机房地面曳引绳通过的孔洞应有高度_____的围框。
  A. ≥25mm　　　B. ≥30mm　　　　C. ≥50mm　　　D. 不限

（C）36. 电梯的额定速度是指_____。
  A. 电动机的额定转速　　　　　　B. 安装调试人员调定的轿厢运行速度
  C. 电梯设计所规定的轿厢速度　　D. 电梯轿厢运行的最高速度

（D）37. 上端站防超越行程保护开关自上而下的排列顺序是_____。
  A. 强迫缓速、极限、限位　　　　B. 极限、强迫缓速、限位
  C. 限位、极限、强迫缓速　　　　D. 极限、限位、强迫缓速

（C）38. 电梯层门锁的锁钩啮合深度达到_____以上时电气触点才能接通。
  A. 3mm　　　B. 5mm　　　　　C. 7mm　　　D. 8mm

（D）39. 轿厢内的报警装置应通到_____。
  A. 轿厢顶部　B. "110" 报警台　C. 电梯井道中　D. 有人值班处

（B）40. _____电梯不允许司机在轿厢内操作电梯。
  A. 杂物　　　B. 办公楼　　　　C. 民用住宅　D. 液压

（B）41. 安装、大修或改造后拟投入使用的电梯，应当按照《电梯监督检验规程》对_____规定的内容进行检验。
  A. 监督检验　B. 验收检验　　　C. 定期检验　　　D. 使用单位

（B）42. 遭遇可能影响其安全技术性能的自然灾害或者发生设备事故后的电梯，以及停止使用一年以上再次使用的电梯，进行设备大修后，应当按照_____的要求进行检验。
  A. 监督检验　B. 验收检验　　　C. 定期检验　　　D. 使用单位

（A）43. 检验机构应当在安装、大修或改造等施工单位_____的基础上进行验收检验。
  A. 自检合格　　　　　　　　　　B. 通过制造单位验收
  C. 通过使用单位验收　　　　　　D. 运行无故障

（B）44. 取得_____的特种设备方可正式销售。

A. 出厂合格证书　　　　　　　B. 制造许可

C. 生产许可证　　　　　　　　D. 型式试验合格证书

（A）45. _____负责全国特种设备制造许可工作的统一管理。

　　A. 国家质量监督检验检疫总局特种设备安全监察机构

　　B. 国家安全生产监督管理局

　　C. 工商行政管理部门

　　D. 特种设备检验检测机构

（C）46. 《特种设备安全监察条例》规定，取得制造许可单位生产的特种设备必须符合_____和国家有关标准的要求。

　　A. 法律法规　　　B. 国际标准　　　C. 安全技术规范　D. 地方标准

（C）47. 按照《特种设备安全监察条例》的规定，电梯日常维护保养单位必须取得电梯_____的资格许可。

　　A. 安装　　　　　B. 改造　　　　　C. 维修　　　　　D. 制造

（B）48. 为起到警示作用，电梯的旋转部件应涂成_____。

　　A. 红色　　　　　B. 黄色　　　　　C. 绿色　　　　　D. 蓝色

（A）49. 需要手动盘车时，应_____。

　　A. 切断电梯电源B. 按下停止开关　　C. 有人监护　　　D. 打开制动器

（A）50. 松闸扳手应漆成_____，盘车手轮应涂成黄色，可拆卸的盘车手轮应放置在机房内容易接近的明显部位。

　　A. 红色　　　　　B. 黄色　　　　　C. 绿色　　　　　D. 蓝色

（C）51. 轿厢地坎上应装设护脚板，高度至少为_____，宽度应不小于层站入口宽度。

　　A. 0.5m　　　　　B. 0.6m　　　　　C. 0.75m　　　　　D. 1.0m

（B）52. 轿厢内的报警装置应能在_____状态下继续有效。

　　A. 电梯故障　　　B. 停电　　　　　C. 正常　　　　　D. 任何

（A）53. 当电梯行程大于30m时，在轿厢和机房之间应设置_____或类似装置。

　　A. 对讲系统　　　B. 警铃　　　　　C. 外部电话　　　D. 声光显示

（B）54. 用层门钥匙开启层门前，应 _____。

　　A. 观察层楼显示B. 确认轿厢位置　　C. 有人监护　　　D. 接受培训

（B）55. 轿厢内应设置_____，并保证在正常照明电源中断时自动燃亮。

　　A. 永久性照明　　B. 应急照明　　　C. 临时照明　　　D. 应急电源

（B）56. 轿厢应设超载装置：当轿厢载荷超过额定载荷10%，且不少于_____时，超载装置应可靠动作。

　　A. 50kg　　　　　B. 75kg　　　　　C. 80kg　　　　　D. 100kg

（C）57. 底坑高度为_____以上时，应设爬梯。

　　A. 1.3m　　　　　B. 1.5m　　　　　C. 1.6m　　　　　D. 1.8m

（B）58. 在机房地面高差大于_____时，应在台阶边缘设置牢固的护栏并设楼梯。

　　A. 0.3m　　　　　B. 0.5m　　　　　C. 0.8m　　　　　D. 1.0m

（B）59. 当轿顶外侧边缘与井道壁之间的水平距离超过_____时，轿顶应装设护栏

　　　　　A. 0.2m　　　　　B. 0.3m　　　　　　　C. 0.4m　　　　　D. 0.5m

（A）60. 在自动扶梯或自动人行道入口处应设置_____的标牌。

　　　　　A. 使用须知　　　B. 警示　　　　　　　C. 制造厂　　　　D. 指示

（C）61. 电梯安装、改造、维修的施工单位应当在施工前将拟进行的电梯安装、改造、维修情况_____告知直辖市或者设区的市的特种设备安全监督管理部门。

　　　　　A. 电话　　　　　B. 互联网上　　　　　C. 书面　　　　　D. 托人传话

（A）62. 对电梯运行的基本要求是_____，方便舒适。

　　　　　A. 安全可靠　　　B. 高速　　　　　　　C. 稳定　　　　　D. 容量大

（D）63. 电梯运载重物时，应在轿厢中的_____位置码放。

　　　　　A. 靠近门口　　　　　　　　　　　　　　B. 靠近里侧

　　　　　C. 靠近两侧　　　　　　　　　　　　　　D. 均匀分布或集中在轿厢中央

（D）64. 发现建筑物出现火灾时，电梯司机首先应_____。

　　　　　A. 立即将电梯驶往着火层救人

　　　　　B. 舍弃电梯逃离

　　　　　C. 打火警电话报警

　　　　　D. 将电梯驶往疏散层（或基站）放出乘客，锁梯或转入消防状态

（D）65. 维修或检查人员在_____时，可以进入工作岗位进行维修、保养和检查电梯。

　　　　　A. 睡眠严重不足　　　　　　　　　　　　B. 酗酒后未完全清醒

　　　　　C. 精神受刺激　　　　　　　　　　　　　D. 身心状况良好

（C）66. 电梯出现关人现象，维修人员首先应做的是：_____。

　　　　　A. 打开抱闸，盘车放人　　　　　　　　　B. 切断电梯动力电源

　　　　　C. 与轿内人员取得联系，了解情况　　　　D. 打开层门放人

（B）67. 乘客对电梯服务有意见时，安全管理人员应_____。

　　　　　A. 据理力争

　　　　　B. 耐心解释并向主管领导汇报

　　　　　C. 禁止其乘坐电梯

　　　　　D. 关闭电梯，停止运行

（C）68. 发现建筑物出现跑水现象并可能已流入井道时，应_____。

　　　　　A. 无论轿厢在哪一层，立即锁梯

　　　　　B. 立即组织人员修理跑水设施

　　　　　C. 轿内人员全部放出后，把轿厢停在高层锁梯

　　　　　D. 通知电梯维修人员检查电梯设施

（C）69. 《特种设备使用登记证》的发证机关是_____。

　　　　　A. 公安局　　　B. 劳动局　　　C. 质量技术监督局　　　　D. 电梯维修单位

（D）70. 在需要进入电梯井道时，应_____打开电梯层门。

　　　　　A. 双手用力向两侧扒门　　　　　　　　　B. 用撬棍撬

　　　　　C. 用电焊切割　　　　　　　　　　　　　D. 使用层门钥匙

（C）71. 在用电梯配备司机是_____的需要。

A. 领导　　　　　　　　　　　　　B. 乘客方便

C. 安全运行管理　　　　　　　　　D. 电梯设计原理

（C）72. 电梯的日常维修保养工作应遵循以_____的方针进行。

A. 保养为主　　　　　　　　　　　B. 维修为主

C. 保养为主、维修为辅　　　　　　D. 检查巡视

（D）73.《特种设备安全监察条例》规定，特种设备使用单位应当按照安全技术规范的定期检验要求，在安全检验合格有效期届满前_____向特种设备检验检测机构提出定期检验要求。

A. 应当　　　　　B. 10 天　　　　　C. 15 天　　　　　D. 一个月

（D）74.《特种设备安全监察条例》规定，电梯的安装、改造、维修竣工后，安装、改造、维修的施工单位应当在验收后_____内将有关技术资料移交使用单位。使用单位应当将其存入该特种设备的安全技术档案。

A. 5 日　　　　　B. 10 日　　　　　C. 15 日　　　　　D. 30 日

（D）75.《特种设备安全监察条例》规定，特种设备在投入使用前或者投入使用后_____内，特种设备使用单位应当向直辖市或者设区的市的特种设备安全监督管理部门登记。

A. 5 日　　　　　B. 10 日　　　　　C. 15 日　　　　　D. 30 日

二、判断题

（×）1. 曳引钢丝绳需要更换时，可选择同一绳径的任意一种钢丝绳。

（√）2. 液压电梯比曳引电梯安全性好，且节约能耗。

（×）3. 杂物电梯不能乘人，危险程度低，所以不必像其他电梯那样注册和定期检验。

（√）4. 防超速和断绳的保护装置是限速器–安全钳系统。

（×）5. 防止超越行程的保护装置是缓冲器。

（×）6. 在发生轿厢或对重蹲底时起保护作用的是强迫换速开关、限位开关和极限开关。

（×）7. 检修运行时可以设置"应急"运行功能，使电梯能在检修状态下开门运行。

（×）8. 为在紧急情况下能尽快放出被困乘客，层门应能被救援人员直接扒开。

（×）9. 缓冲器在轿厢撞击它的任何情况下都能起到保护作用，保护乘客不受伤害。

（×）10. 限速器的动作速度选择只与额定速度有关，而与安全钳类型无关。

（×）11. 为防止触电，电气设备的外露可导电部分任何情况下都应单独接地。

（√）12. 从进入机房起供电系统的中性线（N）与保护线（PE）应始终分开。

（√）13. 每台电梯应配备供电系统断相、错相保护装置。

（√）14. 变频变压调速电梯要比变压调速电梯节能且舒适感好。

（√）15. 液压电梯下行是靠轿厢的重量驱动，而液压系统只起阻尼和调控作用。

（√）16. 液压电梯在油管破裂或其他情况使轿厢由于自重和载重而超速下落时，限速切断阀能自动切断油路，使油缸的油不外泄而制止轿厢下落。

（×）17. 载货电梯不允许搭乘人员。

（×）18. 在住宅电梯的"有司机运行"状态下，电梯运行前，轿门应自动关闭。

（×）19. 自动扶梯和自动人行道的制停距离越小越好。

（√）20. 为防止乘人过多而引起超载，乘客电梯轿厢的有效面积应控制在标准允许范围内。

（×）21. 电梯机房允许安装其他设备。

（×）22. 为防止曳引轮与曳引钢丝绳的磨损，应在曳引轮绳槽内涂抹润滑油。

（√）23. 电梯使用中，应在门开到位后按关门按钮，门才能关闭。

（×）24. 层站呼梯按钮及层楼指示灯出现故障不影响电梯使用。

（√）25. 限速器电气安全开关必须能双向动作。

（×）26. 加装了消防员操作功能的电梯，即成为了在火灾时消防员可以使用的电梯。

（√）27. 集选电梯在运行中应能顺向截车，并能响应最远端的反向运行指令。

（√）28. 限位开关和极限开关可以用自动复位的开关，但不能用磁力开关。

（√）29. 有司机操作的电梯，在司机操作状态下，应点动关门。

（√）30. 非直顶式液压电梯必须设置安全钳。

（×）31. 额定载荷 1000kg 以下的电梯可以使用任何类型的缓冲器。

（×）32. 制动器在正常情况下，通电时保持制动状态。

（√）33. 电梯限位开关动作后，切断危险方向运行，但可以反向运行。

（√）34. 门锁的电气触点是验证锁紧状态的重要安全装置，普通的行程开关和微动开关是不允许用的。

（×）35. 导向轮的主要作用是调整曳引绳与曳引轮的包角。

（√）36. 电梯的每次运行过程分为起动加速、平稳运行和减速停止三个阶段。

（×）37. 电梯速度是影响舒适感的主要因素。

（×）38. 机房所有转动部位须涂成红色，并有旋转方向标志。

（×）39. 电梯司机发现电梯运行异常时，应记入运行记录后继续运行，待维修人员到达时进行停梯修理。

（√）40. 电梯机房严禁闲杂人员进入。

（×）41. 电梯出现关人现象时，一名维修人员即可完成盘车放人操作。

（×）42. 门锁的电气触点是验证锁紧状态的重要安全装置，普通的行程开关和微动开关是允许用的。

（×）43. 轿厢安全钳动作后，电梯轿厢可以正常向下运行。

（√）44. 由司机操纵的电梯在使用中，不经允许不得转入自动运行状态。

（×）45. 电梯层门钥匙任何人都可以使用。

（×）46. 电梯维修、保养人员少量饮酒后，不影响其工作。

（×）47. 曳引钢丝绳应每月用汽油清洗。

（√）48. 地坎槽中有异物可能造成电梯无法起动。

（×）49. 封接层门联锁开关后使电梯运行，是电梯维修中经常使用的故障判断方法。

（√）50. 电梯维修、检查中，严禁身体横跨于轿顶和层门间工作。

（×）51. 因与电梯维保公司签定了维保合同，特种设备使用单位无须再建立健全特种设备安全管理制度和岗位安全责任制度。

（√）52. 特种设备使用单位的主要负责人应当对本单位特种设备的安全全面负责。

（×）53. 只从事电梯日常维护保养的单位，不必取得《特种设备安装改造维修许可证》，即可从事电梯日常维护保养工作。

（√）54. 机房内应贴有发生困人故障时，救援步骤、方法和轿厢移动装置使用的详细说明。

（√）55. 在电动机或盘车手轮上应有与轿厢升降方向相对应的标志。

（×）56. 机房只要配备了适用于电气火灾的消防设施，就不必要求机房门应向外开启。

（√）57. 机房应通风良好，门窗应防风雨，门应有锁，并标有"机房重地，闲人免进"字样。

（√）58. 轿厢内应设置标明额定载重量、人数、制造单位的铭牌。轿厢的有效面积应符合有关规定。

（√）59. 如液压电梯机房与井道之间无法直接通过正常对话的方式进行联络，则在轿厢和机房之间应设置对讲系统或类似装置，上述装置在停电时应由自动再充电的紧急电源供电。

（√）60. 紧急报警装置应保证建筑物内的组织机构能有效地应答紧急呼救。

（×）61. 使用单位的电梯钥匙应专人保管、使用，但使用人无须经过培训。

（×）62. 使用单位培训或聘用了持有电梯运行维修证的人员，则电梯的日常维护保养便可由自己的持证人员来进行。

（√）63. 电梯使用单位应将安全检验合格标志、安全注意事项和警示标志置于易于为乘客注意的显著位置。

（√）64. 电梯使用单位的日常安全管理人员应对施工单位的电梯日常维护保养情况进行监督，并对维保记录签字确认。

（×）65. 为了便于紧急状态下的紧急操作，盘车时抱闸一经人工打开即应锁紧在开启状态，使得只需一人即可完成盘车操作。

（√）66. 为在盘车时掌握轿厢的平层状况，曳引绳上应标注层楼平层标志。

（×）67. 为了美观，对投入使用的电梯轿厢进行装潢，并铺设大理石地面，对电梯系统毫无影响。

（×）68. 电梯平衡系数偏大时，可以在轿顶放置对重块进行调整。

（×）69. 电梯运行超速导致限速器开关动作，使电梯停止运行，此时的停梯状态为故障状态。

（×）70. 特种设备安全监察机构同时也是监督检验机构。

（×）71.《特种设备安全监察条例》中所指的电梯就是指利用轿厢在规定楼层内垂直运送乘客或货物的机电设备。

（×）72. 因与电梯维保单位签定了维保合同，则电梯的安全问题应全部由电梯维保单位负责。

（√）73. 特种设备生产、使用单位和特种设备检验检测机构，应当接受特种设备安全监督管理部门依法进行的特种设备安全监察。

（√）74. 特种设备使用单位应当对在用特种设备进行经常性日常维护保养，并定期自行检查。

（×）75. 未经定期检验或者检验不合格的特种设备，可以继续使用。

（√）76. 特种设备使用单位应当使用符合安全技术规范要求的特种设备。

（×）77. 电梯维修单位应制订电梯事故应急防范措施和救援预案并定期演练，而使用单位则不需要。

（√）78. 电梯、客运索道、大型游乐设施的运营使用单位应当将电梯、客运索道、大型游乐设施的安全注意事项和警示标志置于易于为乘客注意的显著位置。

（×）79.《特种设备安全监察条例》中所指的电梯不包括自动扶梯和自动人行道。

（√）80. 特种设备使用单位应当对在用特种设备的安全附件、安全保护装置、测量调控装置及有关附属仪器仪表进行定期校验、检修，并做出记录。

（√）81. 锅炉、压力容器、电梯、起重机械、客运索道、大型游乐设施的作业人员及其相关管理人员，应当按照国家有关规定经特种设备安全监督管理部门考核合格，取得国家统一格式的特种作业人员证书，方可从事相应的作业或者管理工作。

（×）82. 特种设备的生产是指设计、制造，不包括安装、改造、维修。

（√）83. 特种设备的安全管理人员应当对特种设备使用状况进行经常性检查，发现问题时应当立即处理；情况紧急时，可以决定停止使用特种设备并及时报告本单位有关负责人。

（√）84. 特种设备出现故障或者发生异常情况，使用单位应当对其进行全面检查，消除事故隐患后，方可重新投入使用。

（×）85. 2007 年 1 月 11 日发布的 DB11/418—2007《电梯日常维护保养规则》、DB11/419—2007《电梯安装维修作业安全规范》以及 DB11/420—2007《电梯安装、改造、重大维修和维护保养自检规则》均为推荐性地方标准。

（×）86. 因 DB11/418—2007《电梯日常维护保养规则》、DB11/419—2007《电梯安装维修作业安全规范》以及 DB11/420—2007《电梯安装、改造、重大维修和维护保养自检规则》是强制性标准，必须严格执行，电梯施工单位无须增加条款。

（×）87.《机电类特种设备安装改造维修许可规则（试行)》中规定，电梯日常维护保养单位必须取得电梯日常维护保养的资格许可。

（×）88. 处于施工质量保证期的电梯，因享受施工单位的免费维修服务，不必再对电梯进行日常维护保养。

（√）89.《安全生产法》规定，生产经营单位不得使用国家明令淘汰、禁止使用的危及生产安全的工艺、设备。

（√）90.《安全生产法》规定，安全生产管理坚持"安全第一、预防为主"的方针。

（√）91.《安全生产法》规定，生产经营单位必须执行依法制定的保障安全生产的国家标准或者行业标准。

（×）92. DB11/418—2007《电梯日常维护保养规则》是对电梯日常维护保养的最高要求。

（×）93. 施工单位不能制定高于 DB11/418—2007《电梯日常维护保养规则》的日常维护保养标准，但不少于《电梯日常维护保养规则》的项目内容及要求。

（×）94. DB11/418—2007《电梯日常维护保养规则》规定，只要使用单位同意，使用单位和施工单位可以不签日常维护保养合同。

（√）95. DB11/418—2007《电梯日常维护保养规则》规定，维修保养记录应填写两份，使用单位和施工单位各保存一份，保存时间为 4 年。

（√）96. DB11/418—2007《电梯日常维护保养规则》规定，电梯日常维护保养单位应配合电梯检验检测机构对所日常维护保养的电梯进行定期检验。

（✕）97. DB11/418—2007《电梯日常维护保养规则》规定，电梯安全管理人员应每月对所管辖电梯进行巡视。

（√）98. DB11/418—2007《电梯日常维护保养规则》规定，电梯使用单位的日常安全管理人员应对施工单位的电梯日常维护保养记录签字确认。

（✕）99. DB11/418—2007《电梯日常维护保养规则》规定，当发生电梯困人情况时，修理人员抵达的时间最长不应超过60min。

（√）100. DB11/418—2007《电梯日常维护保养规则》规定，电梯的日常维护保养必须由特种设备安全监督管理部门许可的电梯制造、安装、改造、维修和日常维护保养单位（以下简称施工单位）进行。施工单位的质量保证期服务不能替代电梯的日常维护保养。

（√）101. DB11/419—2007《电梯安装维修作业安全规范》规定了电梯安装维修作业最低的安全要求。

（√）102. DB11/419—2007《电梯安装维修作业安全规范》要求，作业人员在作业过程中发现事故隐患或者其他不安全因素时，应当立即向现场安全管理人员和施工单位有关负责人报告。

（√）103. DB11/419—2007《电梯安装维修作业安全规范》要求，同特种设备作业人员一样，其他需要持证上岗的工种如电工、登高作业等特种作业人员，均应经安全技术培训并考试合格，持有特种作业人员证书方可操作。

（✕）104. DB11/420—2007《电梯安装、改造、重大维修和维护保养自检规则》适用于乘客电梯、载货电梯、自动扶梯和自动人行道的安装、改造、重大维修和维护保养的自检，但不适用于液压电梯、杂物电梯。

（√）105. DB11/420—2007《电梯安装、改造、重大维修和维护保养自检规则》规定，施工单位在施工过程中和维护保养过程中应进行自检，并填写相应的自检记录，自检记录分为施工自检记录和定期自检记录。

（√）106. DB11/420—2007《电梯安装、改造、重大维修和维护保养自检规则》规定，电梯的安装、改造、重大维修应在自检合格的基础上向检验检测机构提出监督检验申请。

（✕）107. DB11/420—2007《电梯安装、改造、重大维修和维护保养自检规则》规定，维护保养单位应在电梯安全检验合格有效期届满前半个月进行自检。

（√）108. DB11/420—2007《电梯安装、改造、重大维修和维护保养自检规则》规定，施工单位对施工自检记录的结果及结论负责。

（√）109. DB11/420—2007《电梯安装、改造、重大维修和维护保养自检规则》规定，定期自检记录由维护保养单位负责人、维护保养人员、质检员及使用单位电梯安全管理人员签字。

（✕）110. DB11/420—2007《电梯安装、改造、重大维修和维护保养自检规则》规定，存在技术要求相同的重复性检测项目时，施工单位自检都合格时可在自检过程中只记录一个数据。

（✕）111. 因检验检测机构可在检验管理系统中查找到电梯运行合格证的有效日期，使用单位不用每年主动申报定期检验。

三、多选题

1. 发生电梯电击事故的原因主要有（　　　）。

A. 电气设备金属外壳未接地或接地不良

B. 电线、电缆绝缘保护层破损

C. 作业人员违反操作规程带电作业

D. 制动器工作失效

参考答案：ABC

2. 电梯的制造许可分为哪些形式？（　　　）

A. 设计审查　　　　B. 型式试验　　　　C. 制造监督　　　　D. 制造许可

参考答案：BD

3. 发生电梯撞击事故的原因主要有（　　　）。

A. 电梯超速失控　　　　　　　　B. 制动器工作失效

C. 轿厢门机械锁定装置失效　　　　D. 平衡系数偏大

参考答案：ABD

4. 电梯出现下列哪些情况时应立即停止运行电梯？（　　　）

A. 发现安全装置、安全附件、安全开关、安全触点等发生误动作，层门、轿门工作异常

B. 电梯发生安全事故或存在安全隐患

C. 接到维修保养单位因发现严重事故隐患而发出的电梯应停止运行的书面通知

D. 监督检验或定期检验结论为不合格

参考答案：ABCD

5. 发生电梯坠落事故的原因主要有（　　　）。

A. 未按规定要求使用电梯专用三角钥匙

B. 电梯开门运行

C. 电梯安装、维修人员违反安全操作规程作业

D. 曳引钢丝绳断裂、限速器−安全钳工作失效

参考答案：ABCD

6. 发生电梯剪切事故的原因主要有（　　　）。

A. 层门、轿门锁被人为短接或失效　　B. 层门强迫关门装置失效

C. 层门门锁机械锁钩失效　　　　　　D. 轿顶作业人员误操作

参考答案：ABCD

7. 对电梯门锁的基本要求有（　　　）。

A. 牢固　　　　　　　　　　　B. 锁钩的啮合深度不得小于规定值

C. 要设置电气安全触点　　　　D. 必须使用金属材料

参考答案：ABC

8. 持有（　　　）级资质的改造许可证可以改造额定速度≤2.5m/s、额定载重量≤5t 的所有电梯。

A. A　　　　　　　B. B　　　　　　　C. C　　　　　　　D. D

参考答案：AB

9. 下列装置中属于电梯的安全保护装置的是（　　　）。

A. 曳引轮　　　　　B. 限速器　　　　　C. 门锁　　　　　D. 缓冲器

参考答案：BCD

10. 哪些特种设备的制造过程必须经检验检测机构按照安全技术规范的要求进行监督检验，未经监督检验合格的不得出厂？（　　　　）

A. 锅炉　　　　　B. 压力管道元件　　　C. 电梯　　　　　D. 大型游乐设施

参考答案：ABD

11. 根据《特种设备安全法》，说明下列哪些特种设备的设计文件应当经国务院特种设备安全监督管理部门核准的检验机构鉴定，方可用于制造。（　　　　）

A. 锅炉　　　　　B. 压力容器　　　　C. 氧舱　　　　　D. 客运索道

参考答案：ACD

12. 特种设备使用单位应当建立特种设备安全技术档案。安全技术档案应包括（　　　　）。

A. 特种设备的设计文件、制造单位、产品质量合格证明、使用维护说明等文件以及安装技术文件和资料

B. 特种设备的定期检验和定期自行检查的记录

C. 特种设备的日常使用状况记录

D. 特种设备及其安全附件、安全保护装置、测量调控装置及有关附属仪器仪表的日常维护保养记录

参考答案：ABCD

13. 未来特种设备的发展趋势有哪些特点？（　　　　）

A. 更高效　　　　　B. 更安全　　　　　C. 更环保、节能　　　D. 更具人性化

参考答案：ABCD

14. 特种设备出厂时，应当附有的文件有（　　　　）。

A. 安全技术规范要求的设计文件　　　B. 产品质量合格证明

C. 安装及使用维修说明　　　　　　　D. 监督检验证明

参考答案：ABCD

15. 电梯是以载人为主要用途的设备，所以对其的基本要求是（　　　　）。

A. 安全可靠　　　　B. 方便快捷　　　　C. 舒适　　　　　D. 豪华

参考答案：ABC

16. 依据国家质检总局《特种设备目录》，下述属于升降运送类电梯的是（　　　　）。

A. 乘客电梯　　　　B. 自动扶梯　　　　C. 杂物电梯　　　D. 载货电梯

参考答案：ACD

17. 哪些为公众提供服务的特种设备运营使用单位，应当设置特种安全管理机构或者配备专职的安全管理人员？（　　　　）

A. 锅炉　　　　　B. 客运索道　　　　C. 电梯　　　　　D. 大型游乐设施

参考答案：BCD

18. （　　　　）是电梯基本参数中的主要参数。

A. 拖动方式　　　　B. 额定速度　　　　C. 轿厢尺寸　　　D. 额定载重量

参考答案：BD

19. 电梯的重量平衡系统通常由（　　　　）构成。

A. 对重装置　　　　　B. 曳引钢丝绳　　　　C. 曳引机　　　　　D. 补偿装置

参考答案：AD

20. 下列叙述哪些符合《特种设备安全法》的规定？（　　　）

A. 县级以上地方各级人民政府负责特种设备安全监督管理的部门对本行政区域内特种设备实施安全监督管理。

B. 县级以上地方各级人民政府应当协调机制，及时协调、解决特种设备安全监督管理中存在的问题。

C. 国家支持有关特种设备安全的科学技术研究，鼓励先进技术和先进管理方法的推广应用，对做出突出贡献的单位和个人给予奖励。

D. 只有特种设备安全监督管理部门才受理有关违反《特种设备安全法》行为的举报。

参考答案：ABC

21. 特种设备使用单位应当对特种设备作业人员进行特种设备（　　　），保证特种设备作业人员具备必要的特种设备安全作业知识。

A. 安全教育和培训　B. 节能教育和培训　C. 安全管理　　　　　D. 安全防护

参考答案：AB

22. 特种设备安全监督管理部门应当对哪些公众聚集场所的特种设备实施重点安全监察？（　　　）

A. 学校、幼儿园　　　　　　　　　　B. 车站、客运码头

C. 体育场馆、展览馆　　　　　　　　D. 商场、公园

参考答案：ABCD

23.《特种设备安全法》规定，特种设备生产单位，须具备哪些条件方可从事相应的活动？（　　　）

A. 有与生产相适应的专业技术人员

B. 有相应的安全管理人员

C. 有与生产相适应的设备、设施和工作场所

D. 经省、自治区、直辖市特种设备安全监督管理部门许可

参考答案：AC

24. 特种设备使用单位应当对其使用的特种设备的（　　　）部件进行定期校验、检修，并做出记录。

A. 安全附件　　　　　B. 安全保护装置　　　C. 测量调控装置　　D. 有关附属仪器仪表

参考答案：ABCD

25. 下列不属于特种设备的（　　　）。

A. 提升高度＜2m 的起重机　　　　　　B. 出口水压＜0.1MPa 的热水锅炉

C. 气瓶　　　　　　　　　　　　　　D. 氧舱

参考答案：AB

26. 电梯制造单位对电梯哪些问题负责？（　　　）

A. 产品质量　　　　　B. 安装质量　　　　　C. 改造质量　　　　D. 维修质量

参考答案：ABCD

27. 我国颁布的《特种设备安全法》适用于（　　　）等设备。

A. 锅炉　　　　　　　B. 机床　　　　　　　C. 容器　　　　　　　D. 电梯、起重机

参考答案：ACD

28. 电梯的日常维护保养工作包括哪些内容？（　　　）

A. 清洁　　　　　　　B. 润滑　　　　　　　C. 调整　　　　　　　D. 检查

参考答案：ABCD

29. 下列事故属于较大事故的是（　　　）。

A. 特种设备事故造成 3 人以上 10 人以下死亡，或者 10 人以上 50 人以下重伤，或者 1000 万元以上 5000 万元以下直接经济损失的

B. 锅炉、压力容器、压力管道爆炸的

C. 压力容器、压力管道有毒介质泄漏，造成 1 万人以上 5 万人以下转移的

D. 起重机械整体倾覆的

参考答案：ABCD

30. 下列事故属于特别重大事故的是（　　　）。

A. 特种设备事故造成 30 人以上死亡，或者 100 人以上重伤（包括急性工业中毒），或者 1 亿元以上直接经济损失的

B. 600MW 以上锅炉爆炸的

C. 压力容器、压力管道有毒介质泄漏，造成 15 万人以上转移的

D. 大型游乐设施高空滞留 50 人以上并且时间在 48h 以上的

参考答案：ABC

31. 特种设备发生事故，事故发生单位应当采取哪些措施？（　　　）

A. 立即启动事故应急预案，组织抢救，防止事故扩大，减少人员伤亡和财产损失。

B. 保护事故现场，等待有关部门处理事故。

C. 及时、如实向有关部门报告，不得隐瞒不报、谎报或者拖延不报。

D. 积极反映情况，配合有关部门展开事故调查。

参考答案：ABCD

32. 下列事故属于重大事故的是（　　　）。

A. 特种设备事故造成 10 人以上 30 人以下死亡，或者 50 人以上 100 人以下重伤，或者 5000 万元以上 1 亿元以下直接经济损失的

B. 600MW 以上锅炉因安全故障中断运行 240h 以上的

C. 压力容器、压力管道有毒介质泄漏，造成 5 万人以上 15 万人以下转移的

D. 客运索道、大型游乐设施高空滞留 100 人以上并且时间在 24h 以上 48h 以下的

参考答案：ABCD

33. 下列事故属于一般事故的是（　　　）。

A. 压力容器、压力管道有毒介质泄漏，造成 1000 人以上 1 万人以下转移的

B. 电梯轿厢滞留人员 2h 以上的

C. 起重机械主要受力结构件折断或者起升机构坠落的

D. 大型游乐设施高空滞留人员 0.5h 以上 12h 以下的

参考答案：ABCD

# 参 考 文 献

[1] 刘勇，于磊. 电梯技术 [M]. 2版. 北京：北京理工大学出版社，2017.
[2] 何峰峰. 电梯基本原理及安装维修全书 [M]. 2版. 北京：机械工业出版社，2009.
[3] 宋绪鲜，缪金兴. 电梯安装与维修技术 [M]. 北京：中国质检出版社，2011.
[4] 许林，曾杰. 电梯安全管理与操作技术 [M]. 合肥：安徽科学技术出版社，2012.
[5] 吕景泉，汤晓华，等. 智能电梯装调与维护 [M]. 北京：中国铁道出版社，2013.